Pavel Svejda

Berechnung charakteristischer Spritzbild- und Qualitätsmerkmale beim Lackieren
- Einsatz neuronaler Netze -

Mit 91 Abbildungen

Springer

Dr.-Ing. Pavel Svejda
Fraunhofer-Institut für Produktionstechnik und Automatisierung (IPA), Stuttgart

Prof. Dr.-Ing. Dr. h. c. mult. H. J. Warnecke
o. Professor an der Universität Stuttgart
Präsident der Fraunhofer-Gesellschaft, München

Prof. Dr.-Ing. Dr. h. c. E. Westkämper
o. Professor an der Universität Stuttgart
Fraunhofer-Institut für Produktionstechnik und Automatisierung (IPA), Stuttgart

Prof. Dr.-Ing. habil. Prof. e. h. Dr. h. c. H.-J. Bullinger
o. Professor an der Universität Stuttgart
Fraunhofer-Institut für Arbeitswirtschaft und Organisation (IAO), Stuttgart

D 93

ISBN-13: 978-3-540-65038-6 e-ISBN-13: 978-3-642-47918-2
DOI: 10.1007/978-3-642-47918-2

Gesamtherstellung: Copydruck GmbH, Heimsheim
SPIN 10694568 62/3020–5 4 3 2 1 0

Berechnung charakteristischer Spritzbild- und Qualitätsmerkmale beim Lackieren

- Einsatz neuronaler Netze -

Von der Fakultät Konstruktions- und Fertigungstechnik der Universität Stuttgart
zur Erlangung der Würde eines Doktor-Ingenieurs (Dr.-Ing.)
genehmigte Abhandlung

Vorgelegt von:

Dipl.-Ing. Pavel Svejda

Hauptberichter: Prof. Dr.-Ing. Dr.h.c.mult. H.-J. Warnecke

Mitberichter: Prof. Dr. rer.nat. A. Goldschmidt,
Universität - Gesamthochschule Paderborn

Tag der Einreichung 09 11.1997
Tag der mundlichen Prufung: 08.06.1998

Geleitwort der Herausgeber

Über den Erfolg und das Bestehen von Unternehmen in einer marktwirtschaftlichen Ordnung entscheidet letztendlich der Absatzmarkt. Das bedeutet, möglichst frühzeitig absatzmarktorientierte Anforderungen sowie deren Veränderungen zu erkennen und darauf zu reagieren.

Neue Technologien und Werkstoffe ermöglichen neue Produkte und eröffnen neue Märkte. Die neuen Produktions- und Informationstechnologien verwandeln signifikant und nachhaltig unsere industrielle Arbeitswelt. Politische und gesellschaftliche Veränderungen signalisieren und begleiten dabei einen Wertewandel, der auch in unseren Industriebetrieben deutlichen Niederschlag findet.

Die Aufgaben des Produktionsmanagements sind vielfältiger und anspruchsvoller geworden. Die Integration des europäischen Marktes, die Globalisierung vieler Industrien, die zunehmende Innovationsgeschwindigkeit, die Entwicklung zur Freizeitgesellschaft und die übergreifenden ökologischen und sozialen Probleme, zu deren Lösung die Wirtschaft ihren Beitrag leisten muß, erfordern von den Führungskräften erweiterte Perspektiven und Antworten, die über den Fokus traditionellen Produktionsmanagements deutlich hinausgehen.

Neue Formen der Arbeitsorganisation im indirekten und direkten Bereich sind heute schon feste Bestandteile innovativer Unternehmen. Die Entkopplung der Arbeitszeit von der Betriebszeit, integrierte Planungsansätze sowie der Aufbau dezentraler Strukturen sind nur einige der Konzepte, welche die aktuellen Entwicklungsrichtungen kennzeichnen. Erfreulich ist der Trend, immer mehr den Menschen in den Mittelpunkt der Arbeitsgestaltung zu stellen - die traditionell eher technokratisch akzentuierten Ansätze weichen einer stärkeren Human- und Organisationsorientierung. Qualifizierungsprogramme, Training und andere Formen der Mitarbeiterentwicklung gewinnen als Differenzierungsmerkmal und als Zukunftsinvestition in *Human Resources* an strategischer Bedeutung.

Von wissenschaftlicher Seite muß dieses Bemühen durch die Entwicklung von Methoden und Vorgehensweisen zur systematischen Analyse und Verbesserung des Systems Produktionsbetrieb einschließlich der erforderlichen Dienstleistungsfunktionen unterstützt werden. Die Ingenieure sind hier gefordert, in enger Zusammenarbeit mit anderen Disziplinen, z. B. der Informatik, der Wirtschaftswissenschaften und der Arbeitswissenschaft, Lösungen zu erarbeiten, die den veränderten Randbedingungen Rechnung tragen.

Die von den Herausgebern langjährig geleiteten Institute, das

- Institut für Industrielle Fertigung und Fabrikbetrieb der Universität Stuttgart (IFF),

- Institut für Arbeitswissenschaft und Technologiemanagement (IAT),

- Fraunhofer-Institut für Produktionstechnik und Automatisierung (IPA),

- Fraunhofer-Institut für Arbeitswirtschaft und Organisation (IAO) arbeiten in grundlegender und angewandter Forschung intensiv an den oben aufgezeigten Entwicklungen mit. Die Ausstattung der Labors und die Qualifikation der Mitarbeiter haben bereits in der Vergangenheit zu Forschungsergebnissen geführt, die für die Praxis von großem Wert waren. Zur Umsetzung gewonnener Erkenntnisse wird die Schriftenreihe „IPA-IAO - Forschung und Praxis" herausgegeben. Der vorliegende Band setzt diese Reihe fort. Eine Übersicht über bisher erschienene Titel wird am Schluß dieses Buches gegeben.

Dem Verfasser sei für die geleistete Arbeit gedankt, dem Springer-Verlag für die Aufnahme dieser Schriftenreihe in seine Angebotspalette und der Druckerei für saubere und zügige Ausführung. Möge das Buch von der Fachwelt gut aufgenommen werden.

H. J. Warnecke E. Westkämper H.-J. Bullinger

Vorwort

Die vorliegende Dissertation entstand während meiner Tätigkeit als wissenschaftlicher Mitarbeiter am Institut für Industrielle Fertigung und Fabrikbetrieb (IFF) der Universität Stuttgart sowie am Fraunhofer-Institut für Produktionstechnik und Automatisierung (IPA) in Stuttgart.

Herrn Prof. Dr. h.c.mult. Dr.-Ing. H.-J. Warnecke, dem Präsidenten der Fraunhofer Gesellschaft, danke ich besonders für seine wohlwollende Unterstützung und Förderung, die zum Gelingen dieser Arbeit beigetragen hat.

Herrn Prof. Dr.-Ing. A. Goldschmidt bin ich für seine Bereitschaft zur Durchsicht des Manuskriptes, für die sehr wertvollen Hinweise, die sich daraus ergaben und für die Übernahme des Mitberichtes zum großen Dank verpflichtet.

Darüber hinaus danke ich allen Mitarbeitern des Instituts für die anregende Kritik und Diskussion, insbesondere den Herren Dr. K. Melchior, Dipl.-Ing. D. Ondratschek, Dr.-Ing. J. Domnick, M. Obst und Dipl.-Ing. A. Scheibe. Mein besonderer Dank gilt Frau Dipl.-Ing. S. Knaupp für die Mitarbeit bei der Programmierung des neuronalen Netzes. Herrn Dipl.-Ing. T. Oberländer und Herrn Dipl.-Ing. (FH) S. Paustian danke ich für die Mithilfe bei der Versuchsdurchführung.

Zum Dank für die Motivation und die tatkräftige Unterstützung, insbesondere bei der Durchführung der Untersuchungen und Berechnungen, widme ich das Buch meiner Frau Manuela.

Stuttgart, Juni 1998 Pavel Svejda

Inhaltsverzeichnis

0 Symbolverzeichnis

Größen und Formelzeichen

Größe	Einheit	Bedeutung
A		Aktivierungszustand
AWG	Gew.-%	Lackauftragswirkungsgrad
a	mm	Hubabstand
a25		Farbton, Rot-Grün-Achse, 25° Betrachtungswinkel
a45		Farbton, Rot-Grün-Achse, 45° Betrachtungswinkel
a70		Farbton, Rot-Grün-Achse, 70° Betrachtungswinkel
b	mm	Breite der Spaltblende
b25		Farbton, Blau-Gelb-Achse, 25° Betrachtungswinkel
b45		Farbton, Blau-Gelb-Achse, 45° Betrachtungswinkel
b70		Farbton, Blau-Gelb-Achse, 70° Betrachtungswinkel
d	µm	Tropfendurchmesser, Lackschichtdicke
d_D	mm	Düsendurchmesser
$d_{Fi,approx}$	µm.mm	Teilfläche des berechneten Schichtdickenprofils
$d_{Fi,mes}$	µm.mm	Teilfläche des gemessenen Schichtdickenprofils
d_{max}	µm	maximale Lackschichtdicke
d_S	mm	Durchmesser der Zerstäuberscheibe
$d_{(V,0\ 5)}$	µm	Medianwert des Tropfendurchmessers
d(x)	µm	Lackschichtdicke des Meßpunktes mit der Koordinate x
d_{10}	µm	arithmetischer mittlerer Tropfendurchmesser
d_{30}	µm	volumengewichteter mittlerer Tropfendurchmesser
d_{32}	µm	Sauterdurchmesser
F	µm.mm	Fläche unter dem Schichtdickenprofil
FM	ml/min	Lackvolumenstrom
F_F	%	Fehlfläche
F_h		Fehlersignal
Flop		Maß für den Metallic-Effekt eines Lackfilms
f		Approximationsfunktion
f_{mittel}	%	mittlerer prozentualer Fehler
g		Approximationsfunktion
HL	Nl/min	Hornluftvolumenstrom
h		Approximationsfunktion
k		Gain-Faktor der sigmoiden Funktion

Größe	Einheit	Bedeutung
L_h		Lernvorgabe
LL	Nl/min	Lenkluftvolumenstrom
L25		Helligkeit des Lackfilms, 25° Betrachtungswinkel
L45		Helligkeit des Lackfilms, 45° Betrachtungswinkel
L70		Helligkeit des Lackfilms, 70° Betrachtungswinkel
l	mm	Länge der Lackierbahn
M_a	Nm^3/h	Luftmassenstrom
M_L	ml/min	Lackmassenstrom
$m_{Fk,1}$	g	verspritzte Festkörpermasse
$m_{Fk,2}$	g	abgeschiedene Festkörpermasse
n		Anzahl
n		Profilexponent
nG	min^{-1}	Glockentellerdrehzahl
n_s	min^{-1}	Drehzahl der Zerstäuberscheibe
Oh		Ohnesorge-Zahl
OS		Offset
P		Prozeßparameter
P		Wert des Prozeßparameters
PE		Prozessorelement
p	Pa	Druck (Überdruck)
Δp	Pa	Druckdifferenz
Re_1		Reynolds-Zahl, Airlesszerstäubung
Re_2		Reynolds-Zahl, pneumatische Zerstäubung
S		Parameter bei Standardeinstellung
S		Summe der Parameterabweichungen
SFQ		Summe-Fehler-Quadrat
SK		Skalierung
STW		Standardwert
S(z)		Transferfunktion
s	%	Standardabweichung
s	mm	Spritzabstand
s_{B50}	mm	Breite des Schichtdickenprofils bei 50 % der maximalen Schichtdicke
T	°C	Temperatur, Kabinenlufttemperatur
t	s	Zeit, Spritzzeit
U	V	Hochspannung

Größe	Einheit	Bedeutung
u_L	m/s	Lackstrahl-Austrittsgeschwindigkeit
V	mm^3	Volumen
v	mm/s	Zerstäubergeschwindigkeit
v_b	mm/s	Geschwindigkeit der Spaltblende
v_{Luft}	m/s	Luftsinkgeschwindigkeit in der Spritzkabine
W		Gewichtungsvektor
We_1		Weber-Zahl, Airlesszerstäubung
We_2		Weber-Zahl, pneumatische Zerstäubung
W_{ij}		Gewicht der Verbindung zwischen Sender- und Empfänger-neuron
ΔW_{ij}		Gewichtsänderung
X		Eingangsvektor
X_{max}		Maximalwert
X_{min}		Minimalwert
x_i	mm	Koordinate des Schichtdickenmeßpunktes an der Stelle i
x_s	mm	x-Koordinate des Flächenschwerpunktes des Schichtdicken-profils
Y		Ausgangswert
Y_h		Ausgangssignal
y_i	µm	Schichtdickenwert des Schichtdickenmeßpunktes an der Stelle i
ZL	Nl/min	Zerstäubungsluftvolumenstrom
α		Lernrate
δ		Fehlersignal
ε		Abweichung
η	Gew.-%	Lackauftragswirkungsgrad
η_L	Pa.s	Viskosität des Lackmaterials
ρ	g/cm^3	Dichte
ρ_a	g/cm^3	Luftdichte
ρ_L	g/cm^3	Lackdichte
σ	mm	halbe Breite zwischen den Wendepunkten des Schicht-dickenprofils
σ_L	N/cm	Oberflächenspannung des Lackmaterials
φ		Geschwindigkeitszahl
φ	%	relative Feuchte der Kabinenluft

Abkürzungen

BV	Bildverarbeitung
ESTA	Elektrostatik
HD	Hochdruck
HRZ	Hochrotationszerstäuber
HVLP	High Volume Low Pressure
KNN	künstliches neuronales Netz
KTL	kathodische Tauchlackierung
ND	Niederdruck
PDA	Phasen-Doppler-Anemometrie
PROFSIM	Profilsimulation
PVC	Polyvinylchlorid
SVP	Statistische Versuchsplanung
ZNS	Zentralnervensystem

1 Einleitung

Viele industriell hergestellte Produkte erhalten eine Beschichtung, die sie hauptsächlich vor Umgebungseinflüssen schützen und damit ihre Funktion und ihren Wert möglichst lang erhalten soll. Der Schutz gegen Korrosion ist ein wichtiger Beitrag zur Schonung natürlicher Ressourcen und damit ein Beitrag zum Umweltschutz /1/. Neben dem Korrosionsschutz können Beschichtungen weitere Aufgaben erfüllen, z.B. das Erzielen spezieller physikalischer und chemischer Eigenschaften, das Erreichen einer ansprechenden Optik oder das Vermitteln von Informationen /2/.

Das Beschichten ist definiert als das Aufbringen einer fest haftenden Schicht aus formlosem Stoff auf ein Werkstück. Maßgebend ist der unmittelbar vor dem Beschichten herrschende Zustand des Beschichtungsstoffes. Die Vielzahl der Beschichtungsverfahren ist nach DIN 8580 in der Hauptgruppe 5 der Fertigungsverfahren gegliedert. Die Gliederung erfolgt nach verfahrenstechnischen Gesichtspunkten bzw. nach dem Aggregatzustand des Beschichtungsstoffes /3/. Die für die Fertigungstechnik aus heutiger Sicht wichtigsten Beschichtungsverfahren (Gruppen der Hauptgruppe 5) sind:

- Beschichten aus dem flüssigen Zustand,
- Beschichten aus dem körnigen oder pulverförmigen Zustand,
- Beschichten aus dem gas- oder dampfförmigen Zustand,
- Beschichten aus dem ionisierten Zustand.

Als Beschichtungsstoffe (Schichtwerkstoffe) kommen organische (Lacke), metallische (z.B. Kupfer, Nickel, Chrom) und anorganisch-nichtmetallische (Email, Keramik) Werkstoffe in Betracht /4/.

Für den industriellen Einsatz wurden die verschiedensten Verfahren des Beschichtens mit flüssigen Beschichtungsstoffen entwickelt. Zu den wichtigsten Verfahren zählen die Lackierverfahren, insbesondere das Spritz- und Sprühlackieren.

Die industrielle Lackiertechnik befindet sich seit einigen Jahren in einer Phase zahlreicher Neu- und Weiterentwicklungen, vor allem in den Bereichen Lackmaterialien, Verfahrenstechnik sowie Anlagen- und Applikationstechnik. Diese Entwicklungen wurden durch wachsende Anforderungen an die Qualität sowie die Wirtschaftlichkeit des Lackierprozesses und hauptsächlich durch eine Verschärfung der Umweltgesetzgebung angestoßen /5/. Umweltbelastungen lassen sich beim Lackieren durch verschiedene Maßnahmen, z.B. durch den Einsatz lösemittelarmer bzw. -freier Lacksysteme, durch eine verlustarme Applikation, durch den Einsatz von Lackrecycling, durch Abwasser- und Energierückgewinnung usw. reduzieren /6/. Eine deutliche Verbesserung der Umweltbilanz, der Beschichtungsqualität und der Wirtschaftlichkeit kann durch den Einsatz von Lackierautomaten und -robotern erfolgen. Die Automatisierung bietet die Möglichkeit, den Lackierprozeß reproduzierbar unter optimalen Bedingungen zu führen und eine oversprayarme Applikationstechnik (z.B. Hochrotationszerstäuber mit elektrostatischer Lackaufladung) einzusetzen, die manuell nicht einsetzbar ist. Diese Gründe sind für einen spürbaren Trend zur Automatisierung des Lackierprozesses verantwortlich /7,8/.

Die Wirtschaftlichkeit von automatischen Lackieranlagen mit ihrer oft komplexen Peripherie ist nur dann gegeben, wenn eine hohe Verfügbarkeit bei gleichzeitig hoher Flexibilität erreicht wird. Einen Beitrag dazu leistet heute die rechnerunterstützte, prozeßentkoppelte Programmierung der Automaten, die sogenannte Off-line-Programmierung. Während die Off-line-Programmierung von Automaten in anderen Fertigungsbereichen relativ einfach ist, müssen beim Lackieren zusätzlich zahlreiche Prozeßparameter berücksichtigt werden. Diese Prozeßparameter bestimmen die Spritzbildform und damit die Bahnplanung /9/.

Die Zusammenhänge zwischen den prozeßbeeinflussenden Größen und der Spritzbildform, dem Lackauftragswirkungsgrad sowie der Lackfilmqualität sind komplex und nur für definierte Randbedingungen bekannt, so daß bisher keine allgemeingültige mathematisch-physikalische Modellierung des Lackierprozesses gelingt.

Das Ziel dieser Arbeit ist es, ausgehend von experimentellen Untersuchungen des pneumatischen Lackierprozesses, ein rechnerunterstütztes Verfahren für die Ermittlung optimaler Einstellungen für ausgewählte Prozeßparameter zu entwickeln. Aufgrund der Vielfalt verschiedener Lacksysteme und Applikationsgeräte muß das zu entwickelnde Verfahren mit einem Minimum an experimentellen Daten auskommen. Dabei dürfen die mathematisch-physikalischen Zusammenhänge nur eine untergeordnete Rolle spielen, wenn das Berechnungsverfahren für den späteren Nutzer möglichst einfach anwendbar bleiben soll. Um diese Anforderungen zu erfüllen, wird ein lernfähiges System in Form eines neuronalen Netzes eingesetzt.

Das oben formulierte Ziel dieser Arbeit soll in folgenden Schritten erreicht werden:

- Experimentelle Untersuchungen der Zusammenhänge zwischen ausgewählten Prozeßparametern und den Spritzbild- sowie Qualitätsmerkmalen und dem Lackauftragswirkungsgrad für die pneumatische und Hochrotationszerstäubung,
- Entwicklung und Programmierung eines neuronalen Netzes (hierbei wird bewußt auf den Einsatz kommerzieller Software verzichtet, um ein besseres Verständnis für die Vorgänge innerhalb des Netzes zu erhalten),
- Anwendung des neuronalen Netzes für Berechnungen von Spritzbild- und Qualitätsmerkmalen für definierte Werte ausgewählter Prozeßparameter,
- Experimentelle Verifikation der Ergebnisse und Vergleich mit einer auf einem Regressionsverfahren basierenden Simulationsmethode,
- Berechnung von Schichtdickenverteilungen auf ebenen Flächen, ausgehend von berechneten Spritzbildmerkmalen, experimentelle Verifikation,
- Anpassung und Anwendung des neuronalen Netzes für Berechnungen von Spritzbildmerkmalen bei Hochrotationszerstäubern, experimentelle Verifikation.

Durch den Einsatz dieses Berechnungsverfahrens wird es möglich, hinsichtlich Auftragswirkungsgrad und Lackfilmqualität optimale Prozeßparameter effektiver zu ermitteln und diese für die Programmierung von Lackierautomaten einzusetzen. Ähnlich strukturierte neuronale Netze könnten in Zukunft ihre Anwendung in der Prozeßüberwachung von automatischen Lackieranlagen finden.

2 Aktueller Stand der industriellen Lackiertechnik

2.1 Der Lackierprozeß am Beispiel der Automobil-Serienlackierung

Die vielfältigen Anforderungen, die bezüglich der Schutzwirkung, der optischen Qualität und der Beständigkeit gegen äußere Einflüsse an eine Beschichtung gestellt werden, sind oft nicht mit einer einzigen Lackschicht zu erreichen. Deshalb werden mehrere Schichten übereinander aufgetragen, von denen jede spezielle Aufgaben zu erfüllen hat. Ein typischer Lackierprozeß mit hohen Anforderungen an Korrosionsschutz, Qualität, Wirtschaftlichkeit und eine geringe Umweltbelastung ist die Automobil-Serienlackierung. Dieser Prozeß beinhaltet unterschiedliche Lackierverfahren und Applikationstechniken. Die Verfahrens-, Anlagen- und Steuerungstechnik hat ein hohes Niveau erreicht. Im Bild 2.1 sind die Prozeßschritte einer emissionsarmen Beschichtung von Automobilkarosserien beispielhaft dargestellt. Die wesentlichen Schritte sind /4, 10 - 14/:

Vorbehandlung
Die Vorbehandlung mit dem Phosphatieren sorgt für eine optimale Haftfestigkeit der nachfolgenden Lackschicht. Bei der meist eingesetzten Zinkphosphatierung wird die Karosserie einer wäßrigen Lösung aus Phosphorsäure, sauren Zinkphosphaten und speziellen Zusatzmitteln ausgesetzt. Beim Einwirken der Lösung bildet sich auf dem Substrat eine feinkristalline Schicht aus tertiärem Zinkphosphat /15/.

Kathodische Tauchlackierung (KTL)
Beim kathodischen Tauchlackieren erfolgt die Lackabscheidung infolge elektrochemischer Umsetzung (Koagulation) des Lackbindemittels an der Werkstückoberfläche. Die Umsetzung wird durch elektrischen Stromfluß von den Anoden über den leitfähigen Lack zur kathodisch gepolten Karosserie durch dort entstehende Hydroxilionen (OH^-) bewirkt. Das abgeschiedene Bindemittel vernetzt beim anschließenden Trocknungsvorgang zu einem geschlossenen Lackfilm. Die kathodische Tauchlackierung bietet einen hervorragenden Korrosionsschutz auch in den Hohlräumen der Karosserie /16/.

Nahtabdichtung und Unterbodenschutz
Bei der Nahtabdichtung und dem anschließenden Unterbodenschutz wird das PVC-Material zunehmend von Robotern mit Airless-Zerstäubern aufgetragen. Durchflußmeßtechnik überwacht den Materialverbrauch eines jeden Roboters, so daß Unterbeschichtungen weitgehend vermieden werden können. Die Positionierung der Ka-

rosserien wird mit Kameras und Bildverarbeitungssystemen überwacht. Bei Abweichungen können die Roboterprogramme angepaßt werden /8/.

Füllerauftrag

Der Füller übernimmt, zusätzlich zur KTL-Schicht, den Korrosionsschutz. Weiterhin dient er der anschließenden Decklackschicht als Haftgrund und vermindert beim Steinschlag die Verletzungsgefahr der darunterliegenden Schicht. Der in allen modernen Anlagen eingesetzte wasserlösliche Füller wird mit mehreren, um die Karosserie angeordneten Hochrotationszerstäubern mit elektrostatischer Lackaufladung appliziert. Der ohnehin schon hohe Lackauftragswirkungsgrad kann durch den Einsatz der Ultrafiltration weiter verbessert werden. Hierbei wird der Füller-Overspray aus dem Kreislaufwasser der Farbnebelauswaschung zurückgewonnen, vom Lackhersteller aufbereitet und dem Neulack zu einem bestimmten Prozentsatz zugegeben /13/.

Decklackauftrag

Nach einer sorgfältigen Reinigung, die meist automatisch mit straußenfedernbesetzten Walzen erfolgt, wird der Decklack aufgetragen. Bei der Decklackierung hat sich ein Prozeß durchgesetzt, bei dem ein wasserlöslicher Basislack und ein Klarlack aufgetragen wird. Als Klarlacke werden derzeit verschiedene Lacksysteme (2-Komponenten High-solid-Klarlacke, wasserlösliche Klarlacke, Pulverklarlacke) eingesetzt. Der Einsatz eines in Wasser dispergierten Pulverklarlacksystems (Powder-Slurry) steht kurz vor der Produktionseinführung. Uni-Basislacke werden einschichtig mit Hochrotationszerstäubern aufgetragen. Metallic-Effekt-Lacke werden in zwei Schichten, die erste Schicht mit Hochrotationszerstäubern, die zweite pneumatisch, appliziert. Der Grund für den zweiten pneumatischen Auftrag liegt im gewünschten Effekt der Lackierung, der mit Hochrotationszerstäubern bisher nicht erreichbar ist. Für die Beschichtung der Detailflächen (von Flächenautomaten nicht erreichbare Bereiche, wie z.B. Türeinstiege und Innenräume) setzen sich Lackierroboter immer mehr durch. Wie bei der Nahtabdichtung wird auch hier die Karosserieposition mit einer nachfolgenden Anpassung der Beschichtungsprogramme ermittelt. Nach der Trocknung schließt sich die Qualitätskontrolle und die Hohlraumversiegelung an.

Schmutz ist das größte Problem in einer Lackiererei. Daher werden neue Lackieranlagen unter Berücksichtigung von Reinraumkonzepten gebaut und betrieben. Das Lackieren ist mit einem hohen Energiebedarf für die Konditionierung der Kabinenluft und den Betrieb der Trockner verbunden. Die Lackieranlagen sind daher mit Wärmerückgewinnungssystemen (Wärmerädern) ausgerüstet, die bis zu 70 % der eingesetzten Energie zurückgewinnen /14/. Spezielle Klärtechniken gestatten die Wiederverwendung eines großen Teils des anfallenden Abwassers.

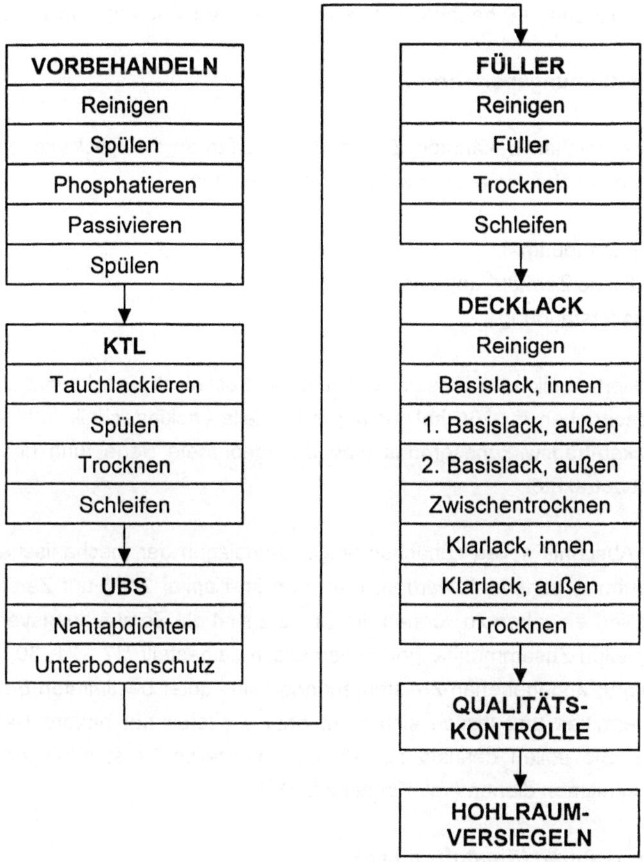

Bild 2.1: Prozeßschema für den Ablauf der Automobil-Serienlackierung /10/

2.2 Lackieren durch Zerstäuben

Die Zerstäubung ist die Vergrößerung der Oberfläche einer Flüssigkeit. Die geleistete Zerstäubungsarbeit ergibt sich aus der Größe der neu gebildeten Oberfläche. Die Vorgänge während der Zerstäubung sind, allgemein dargestellt, eine Wechselwirkung von äußeren und inneren Kräften, die an den Phasengrenzflächen zwischen Lack, Luft und Zerstäuberoberfläche stattfindet. Die inneren Kräfte sind z.B. Trägheits- und Zähigkeitskräfte sowie Oberflächenspannung. Art und Größe der äußeren Kräfte (z.B. Scherkräfte) hängen vom verwendeten Zerstäubungsprinzip ab /29/.

2.2.1 Zerstäubungsverfahren

Von den zahlreichen bekannten Zerstäubungsverfahren für Flüssigkeiten kommen vor allem drei mechanische Zerstäubungsverfahren, die

- Airlesszerstäubung,
- pneumatische Zerstäubung und
- Rotationszerstäubung

in der Lackiertechnik zum Einsatz. Die rein elektrostatische Lackzerstäubung, ausführlich beschrieben in /26/, hat für die industrielle Lackiertechnik trotz eines sehr hohen Lackauftragswirkungsgrades eine untergeordnete Bedeutung und wird hier daher nicht betrachtet.

In diesem Abschnitt sollen zunächst einige Grundlagen der mechanischen Flüssigkeitszerstäubung behandelt werden, um dann im Kapitel 2.2.4 auf Zerstäuberbauarten detailliert eingehen zu können. Im Bild 2.2 sind die Zerstäubungsverfahren mit den prinzipiellen Zusammenhängen schematisch dargestellt /17 - 21, 30, 31/. Diese in der Literatur angegebenen Zusammenhänge sind unter bestimmten Bedingungen empirisch ermittelt und lassen sich nicht ohne weiteres auf andere Bedingungen übertragen. Sie sollen deshalb nur für das qualitative Verständnis der Zerstäubungsmechanismen dienen (vgl. Kapitel 2.2.3).

Airlesszerstäubung (Einstoff-Düsen)
Bei der Airlesszerstäubung wird die Druckenergie der Flüssigkeit weitgehend in kinetische Energie umgesetzt. Die Geometrie der Düse bestimmt den Wirkungsgrad der Umsetzung /17/. Aus der Düse tritt ein turbulenter Flüssigkeitsstrahl mit hoher Strömungsgeschwindigkeit in die ruhende Umgebungsatmosphäre. Die durch innere Turbulenz des Strahls entstehenden Trägheitskräfte sind größer als die Oberflächenkräfte, so daß der Strahl zerstäubt /20/. Auftretende Scherkräfte aus der Strahlverzögerung unterstützen diesen Vorgang. Aus den Gleichungen 2.1 und 2.2 (Bild 2.2) erkennt man die wichtigsten Zusammenhänge. Hohe Strahlgeschwindigkeit,

Hydraulische Zerstäubung (Airlesszerstäubung)

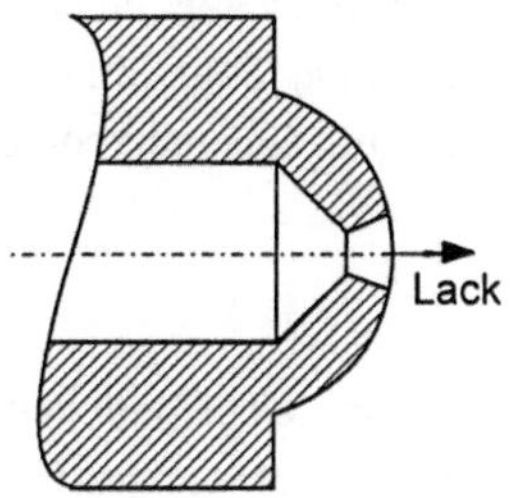

$$u_L = \varphi \cdot \sqrt{2 \cdot \frac{\Delta p}{\rho_L}} \qquad (2.1)$$

$$d_{32} = We_1^{-0,5} \cdot \left(\frac{\rho_a}{\rho_L}\right)^{-0,25} \cdot (1 + 3{,}3 \cdot Oh) \cdot d_D \qquad (2.2)$$

Pneumatische Zerstäubung

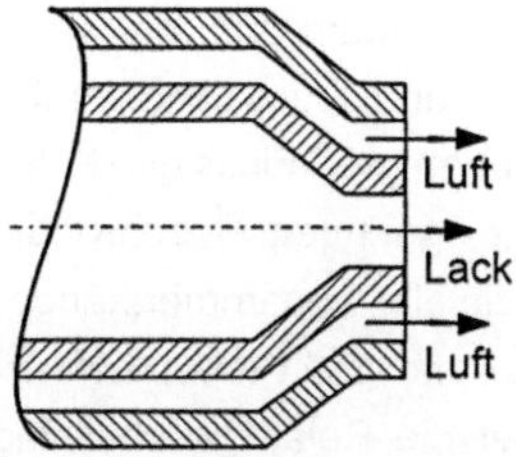

$$d_{32} = 51 \cdot Re_2^{-0,39} \cdot We_2^{-0,18} \cdot \left(\frac{M_L}{M_a}\right)^{0,29} \cdot d_D \qquad (2.3)$$

Rotationszerstäubung

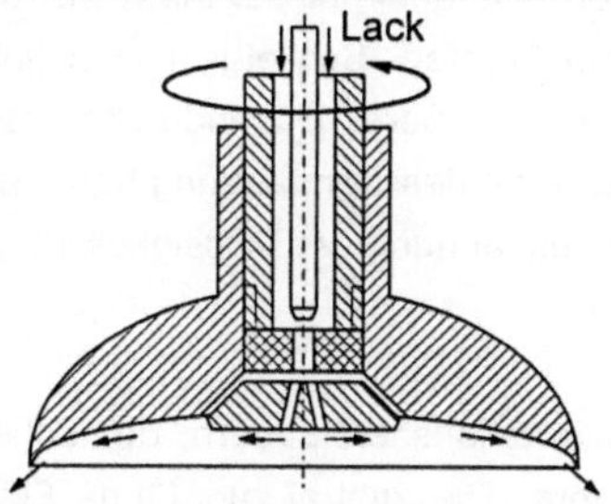

$$d_{10} = 0{,}76 \cdot n_S^{-1} \cdot \left(\frac{\sigma_L}{\rho_L \cdot d_S}\right)^{0,5} \qquad (2.4)$$

$$We_1 = \frac{u_L^2 \cdot \rho_L \cdot d_D}{\sigma_L} \qquad We_2 = \frac{\Delta u^2 \cdot \rho_L \cdot d_D}{\sigma_L} \qquad Oh = \frac{\sqrt{We_1}}{Re_1}$$

$$Re_1 = \frac{u_L \cdot \rho_L \cdot d_D}{\eta_L} \qquad Re_2 = \frac{\Delta u \cdot \rho_L \cdot d_D}{\eta_L}$$

Bild 2.2: Schematische Darstellung in der Lackiertechnik eingesetzter Zerstäubungsverfahren /17-21, 30, 31/

bewirkt durch einen hohen Differenzdruck Δp, führt zu einem geringen Tropfendurchmesser. Die Zunahme der Lackviskosität sowie ein großer Düsendurchmesser vergrößern den Tropfendurchmesser. Eine Durchsatzänderung kann durch eine Veränderung des Differenzdruckes Δp oder durch einen anderen Düsendurchmesser erfolgen.

Pneumatische Zerstäubung (Zweistoff-Düsen)

Bei pneumatischen Zerstäubern wird die zum Zerteilen des mit einer geringen Geschwindigkeit aus der Düse austretenden Flüssigkeitsstrahls notwendige Energie durch das Zerstäubungsgas (Druckluft) geliefert. Es erfolgt eine Beschleunigung der Flüssigkeit kurz nach der Düsenmündung durch die Zerstäubungsluft. Die hohe Relativgeschwindigkeit (bei pneumatischen Hochdruckzerstäubern tritt die Zerstäubungsluft mit Schallgeschwindigkeit aus) zwischen Luft- und Flüssigkeitsstrahl bewirkt durch die entstehenden Scherkräfte ein Zerstäuben der Flüssigkeit. Innere Turbulenzen im Flüssigkeitsstrahl treten aufgrund seiner geringen Geschwindigkeit nicht auf /17,19/. Aus Gleichung 2.3 lassen sich prinzipielle Zusammenhänge der pneumatischen Zerstäubung ablesen. In der Reynolds- und der Weber-Zahl ist jeweils die Relativgeschwindigkeit Δu enthalten. Je höher die Relativgeschwindigkeit ist, um so kleiner werden die Tropfen. Das Verhältnis der Massenströme von Flüssigkeit und Luft beeinflußt ebenfalls die Tropfengröße. Je geringer der Massenstrom der zerstäubenden Luft, um so großer werden die Tropfen. Schließlich beeinflußt auch der Düsendurchmesser die Tropfengröße. Ein größerer Düsendurchmesser führt zu einer gröberen Zerstäubung. Wie auch bei der Airlesszerstäubung hängt die Tropfengröße von der Viskosität und der Oberflächenspannung der Flüssigkeit ab.

Rotationszerstäubung

In der Lackiertechnik werden zwei Bauarten von Rotationszerstäubern, der Scheiben- und der Becher-(Glocken-)zerstäuber eingesetzt. Die zentral zugeführte Flüssigkeit verteilt sich als Film auf dem Zerstäuber, wobei die Filmdicke zum Zerstäuberrand in der Regel abnimmt. Erhöht man bei konstanter Drehzahl des Zerstäubers den Durchsatz, treten nacheinander die Zerfallsmechanismen Abtropfen, Fadenzerfall, Lamellenzerfall und Zerstäubung auf /19/. Prinzipiell ähnelt die Rotationszerstäubung der Airlesszerstäubung, bei der ein Flüssigkeitsstrahl mit inneren Turbulenzen in eine ruhende Umgebung austritt, verzögert und zerstäubt wird. Die Zerstäubungsenergie liefert die Rotation und die damit verbundenen Zentrifugalkräfte. Dementsprechend hängt der Tropfendurchmesser hauptsächlich von der Drehzahl und dem Durchmesser des Zerstäubers ab (Gleichung 2.4).

2.2.2 Tropfendurchmesser und -verteilungen

Die Zerstäubungsverfahren wurden im vorangegangenen Abschnitt anhand des sog. Sauter-Durchmessers d_{32} bzw. anhand des arithmetischen Durchmessermittelwertes d_{10} diskutiert. Der jeweils angegebene Tropfendurchmesser stellt hierbei einen über den Spritzstrahl (oder zumindest über das Meßvolumen) gemittelten (integralen) Wert dar. Für das prinzipielle Verständnis der Abhängigkeiten bei der Zerstäubung reicht es aus, den Spritzstrahl durch die Angabe dieses Wertes zu charakterisieren.

In Wirklichkeit entsteht bei der Zerstäubung jedoch ein mehr oder minder breites Tropfengrößenspektrum, das räumlich und zeitlich unterschiedlich ist. Das Tropfengrößenspektrum ist für alle Zerstäubungsverfahren die wichtigste Prozeßgröße und steht in einem direkten Zusammenhang mit dem eingesetzten Zerstäubertyp, seiner Betriebsweise und den Stoffwerten der Prozeßmedien. Abgesehen von wenigen Ausnahmen ist der Zerstäubungsprozeß noch nicht verallgemeinerungsfähig faßbar /18, 30/.

Im Bereich der Lackzerstäubung wurden in der letzten Zeit zahlreiche Arbeiten durchgeführt, in welchen die Zerstäubung in Abhängigkeit der unterschiedlichen Prozeßparameter untersucht wurde. In diesen Arbeiten werden verschiedene Definitionen für den Tropfendurchmesser verwendet. Tabelle 2.1 gibt einen Überblick über die gebräuchlichsten Tropfendurchmesser-Definitionen /22 - 25, 30, 32 - 34/.

Bezeichnung	Definition
Sauterdurchmesser	$d_{32} = \frac{\sum d_i^3}{\sum d_i^2}$
Arithmetischer mittlerer Durchmesser	$d_{10} = \frac{1}{n} \cdot \sum d_i$
Volumengewichteter mittlerer Durchmesser	$d_{30} = \sqrt[3]{\frac{1}{n} \cdot \sum d_i^3}$
Medianwert	$d_{(V,0.5)} \mathrel{\hat{=}} d_{50,3}$

Tabelle 2.1: Definitionen für Tropfendurchmesser /22, 23, 30/

2.2.3 Spritzstrahlentstehung

Die beim Zerstäuben ablaufenden Vorgänge können in drei Bereiche untergliedert werden (Bild 2.3):

- den Disintegrationsvorgang,
- die Mehrphasenströmung des Sprays und
- den Auftreffvorgang mit dem Abscheiden der Tropfen /18/.

Die Physik der Disintegration (Strahlzerstäubung) wird noch nicht befriedigend verstanden; es bestehen bisher wenig Gemeinsamkeiten zwischen den Resultaten unterschiedlicher Untersuchungen bezüglich der Abhängigkeiten der Tropfengrössenbeziehungen von den Stoffwerten der Fluide, den Betriebsparametern und den geometrischen Abmessungen der Zerstäuberorgane. Die im Kapitel 2.2.1 diskutierten Beziehungen sind demnach nur als Beispiele zu verstehen, mit welchen sich die prinzipiellen Abhängigkeiten erklären lassen. Sie haben keine allgemeingültige Aussagekraft. Die darin enthaltenen empirisch ermittelten Faktoren und Exponenten gelten nur für die eingesetzten Medien und die Art der Versuchsdurchführung.

Der bei der Disintegration entstehende Spray stellt eine turbulente Mehrphasenströmung dar. Es bilden sich nahezu kugelförmige Tropfen aus, deren Masse sich aufgrund von Abdunstung bzw. Koaleszenz (Kollisionen und Zusammenfließen) verändert. Je nach Zerstäuberart können Sichtungsvorgänge erfolgen. Der Freistrahl saugt zusätzliche Luft aus der Umgebung an. Durch die Strahlumlenkung an der Substratoberfläche geht ein nicht unerheblicher Teil der Tropfen verloren (Overspray). Ausgehend von Messungen des Tropfengrößenspektrums und der Tropfengeschwindigkeiten können mit numerischen Simulationsberechnungen die Tropfenbahnen bestimmt werden /25, 27, 28, 34/.

Bei der Abscheidung trifft eine Vielzahl von unterschiedlich großen und schnellen Tropfen auf dem Substrat auf. Die einzelnen Tropfen werden in kürzester Zeit deformiert und verlaufen, meist in schichtbildender Weise. Zum Teil zerplatzen die Tropfen und bilden Sekundärtröpfchen, die sehr viel kleiner sind und in entgegengesetzte Richtung fortgeschleudert werden. Diese Vorgänge lassen sich inzwischen numerisch simulieren /18/.

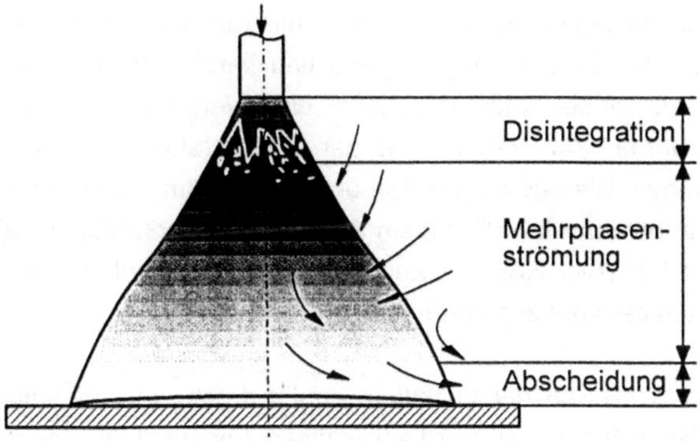

Bild 2.3: Bereiche in einem Spritzstrahl /18/

2.2.4 Zerstäuber

Die, wegen ihrer Flexibilität bezüglich Teilegeometrie, Lackeigenschaften und nicht zuletzt wegen ihrer einfachen Handhabung sowie der hohen erzielbaren Lackfilmqualität, am häufigsten eingesetzten Zerstäuber sind die pneumatischen Zerstäuber /31/. Ihr wesentlicher Nachteil sind die relativ hohen Oversprayverluste (vgl. Tabelle 2.2). Bei der Lackierung von großen Flächen, vor allem in der Automobilserienlackierung haben sich Hochrotationszerstäuber in Verbindung mit der elektrostatischen Lackaufladung durchgesetzt. Der wesentliche Vorteil der Hochrotationszerstäubung ist der hohe Lackauftragswirkungsgrad (Tabelle 2.2). Nachteile sind, verglichen mit der pneumatischen Applikation, in den bisher noch deutlichen Abweichungen hinsichtlich Metalliceffekt und Helligkeit der Lackschicht, zu sehen.

Airlesszerstäuber haben gegenüber pneumatischen Zerstäubern Vorteile wie einen höheren Lackauftragswirkungsgrad und eine höhere Flächenleistung. Sie werden vorwiegend dann eingesetzt, wenn die Anforderungen an höchste optische Lackfilmqualität eine geringere Bedeutung haben. Daher werden im folgenden nur noch die beiden erstgenannten, vor allem aber der pneumatische Zerstäuber behandelt.

Pneumatische Zerstäuber

Die für die Zerstäubung und die erzielbare Lackfilmqualität wesentlichen Teile eines Zerstäubers sind die Luftkappe und die Lackdüse (Bild 2.4). Die zum Zerstäuben des aus der Düse austretenden Lackstrahls erforderliche Zerstaubungsluft strömt aus einem Ringspalt, der durch eine Bohrung in der Luftkappe und die darin zentrisch angeordnete Lackdüse gebildet wird. Weitere Luftstrahlen aus umliegenden Bohrungen unterstützen den Zerstäubungsvorgang und verhindern das Entstehen eines Unterdruckgebietes vor der Luftkappe, das zu einer Verschmutzung des Zerstäuberkopfes führen würde. Zur Regulierung der Spritzstrahlform dienen Flachstrahl-(Hornluft-)bohrungen. Die aus diesen Bohrungen ausströmende Hornluft formt einen Rundstrahl mit annähernd kreisförmigem Spritzbild zu einem Flachstrahl mit einem elliptischen Spritzbild (Bild 2.5). Die Zerstäubungs- und Hornluft wird bei automatischen Zerstäubern getrennt zugeführt und geregelt.

Das Öffnen und Schließen der Lackdüse erfolgt durch eine pneumatisch mit der Steuerluft betätigte Düsennadel. Der Lackvolumenstrom wird mit Dosierpumpen eingestellt. Die Rückführung dient dem Spülen des Zerstäubers beim Farbwechselvorgang.

Bei pneumatischen Zerstäubern werden je nach Luftkappeninnendruck sog. Hochdruck- und Niederdruckzerstäuber (HVLP-Zerstäuber) unterschieden. HVLP-Zerstäuber erzeugen eine gröbere Zerstäubung und erreichen durch den damit verbundenen größeren Tropfenimpuls einen höheren Auftragswirkungsgrad.

Der prinzipiell bedingte niedrigere Lackauftragswirkungsgrad pneumatischer Zerstäuber läßt sich durch den Einsatz elektrostatischer Lackaufladung deutlich verbessern.

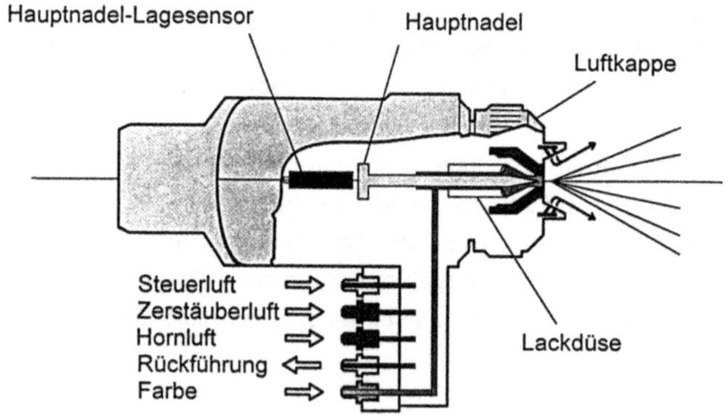

Bild 2.4: Schnitt durch einen pneumatischen Zerstäuber für Lackierautomaten (schematisch)

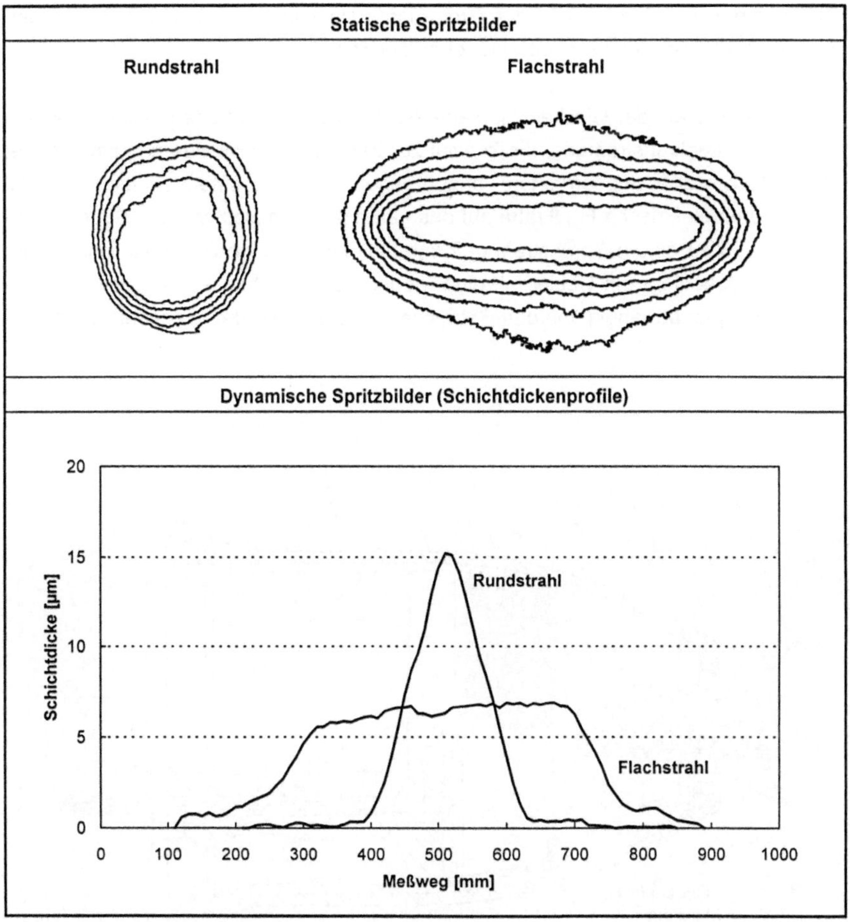

Bild 2.5: Statische und dynamische Spritzbilder eines Rund- und Flachstrahls

Hochrotationszerstäuber mit elektrostatischer Lackaufladung

Hochrotationszerstäuber (Bild 2.6) bestehen im wesentlichen aus einem Zerstäuberglockenteller und dessen Antrieb. Als Antrieb finden meist luftgelagerte Luftturbinen Verwendung. Je nach Lackmaterial- und Durchsatzmenge werden die Zerstäuber mit Drehzahlen zwischen 15.000 und 60.000 min^{-1} betrieben. Die Drehzahl wird optisch erfaßt und geregelt. Im Einsatz befinden sich aber auch Systeme mit magnetisch gelagerten Turbinen und akustischer Drehzahlerfassung /14/. Die Glockenteller haben einen Durchmesser in der Größenordnung von 50 mm und weisen unterschiedliche Geometrien sowie Kantenoberflächen auf.

Der tangential von der Glockentellerkante abgeschleuderte und zerstäubte Lack wird durch eine Lenkluftströmung, die koaxial zur Zerstäuberachse aus ringförmig hinter dem Glockenteller angeordneten Luftbohrungen bzw. aus einem Ringspalt austritt sowie durch elektrische Feldkräfte auf das geerdete, zu beschichtende Substrat umgelenkt und zu einem Sprühstrahl geformt. Das kreisförmige Spritzbild weist in der Mitte prinzipbedingt ein Gebiet mit einer geringeren Schichtdicke auf (Bild 2.7). Die Ausprägung ist abhängig von den Betriebsparametern und der Glockentellergeometrie.

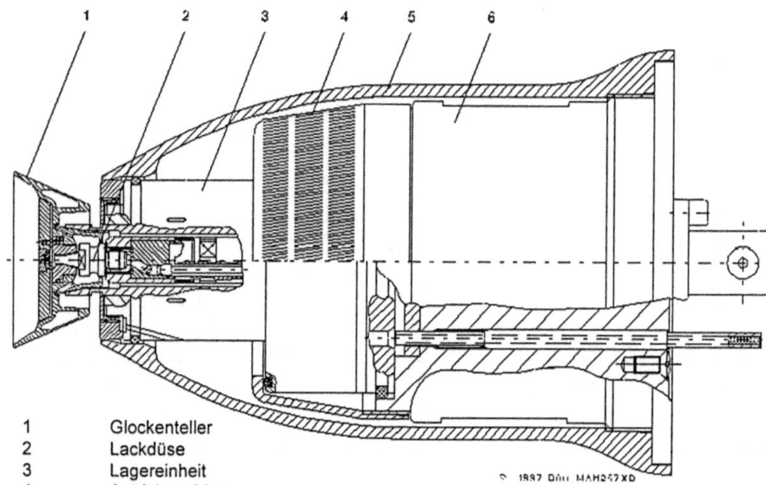

1 Glockenteller
2 Lackdüse
3 Lagereinheit
4 Antriebsturbine
5 Gehäuse
6 Ventilblock

Bild 2.6: Schnitt durch einen Hochrotationszerstäuber mit Kontaktaufladung (Quelle: Dürr)

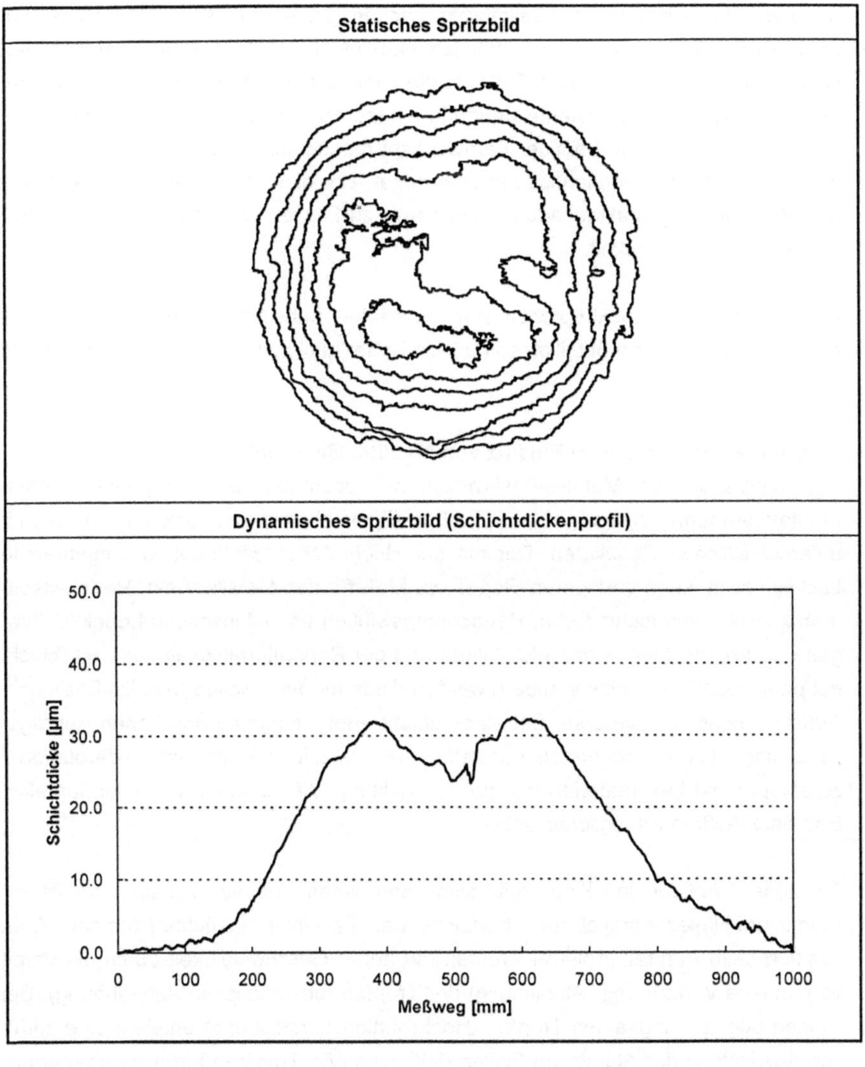

Bild 2.7: Statisches und dynamisches Spritzbild eines Hochrotationszerstäubers

Die Aufladung des Lackmaterials erfolgt durch Kontakt mit dem an Hochspannungspotential (50 bis 120 kV) liegenden Glockenteller (Kontaktaufladung) oder durch Anlagerung von Luftionen an die Lacktröpfchen (Ionisationsaufladung). Die Luftionen werden von hochspannungsführenden Außenelektroden erzeugt. Die Kontaktaufladung wird bei elektrisch nichtleitfähigen Lacken (Lacke auf Basis organischer Lösemittel) sowie bei elektrisch leitfähigen Lacken, die ohne Farbwechsel appliziert werden, eingesetzt. Im zweiten Fall wird die Lackversorgung elektrisch isoliert aufgebaut bzw. Systeme zur Potentialtrennung eingesetzt. Elektrisch leitfähige Lackmaterialien, bei welchen ein häufiger Farbwechsel durchgeführt werden muß, werden in der Regel mit Ionisationsaufladung verarbeitet. Um diese Lackmaterialien auch mit der effektiveren Kontaktaufladung applizieren zu können, wurden Systeme zur Potentialtrennung entwickelt.

Am Transport der Lacktröpfchen zum geerdeten Substrat sind hauptsächlich die elektrischen Feldkräfte beteiligt, so daß ein hoher Lackauftragswirkungsgrad erreicht wird /35/.

Zerstäubervergleich beim Einsatz von Metallic-Basislacken

Die Applikation von Metallic-Basislacken mit Hochrotations- und pneumatischen Zerstäubern führt hinsichtlich der optischen Eigenschaften des Lackfilms zu deutlich unterschiedlichen Resultaten. Der mit der Hochrotationszerstäubung aufgebrachte Lackfilm zeigt einen geringeren Flop (Flop: Maß für den Metalliceffekt, Helligkeitsdifferenz zweier unterschiedlicher Betrachtungswinkel) und ist insgesamt dunkler. Wegen der gewünschten hohen Flop-Werte und der Reparaturfähigkeit der Lackschicht mit pneumatischen Luftzerstäubern werden diese für den zweiten Metallic-Basislack-Auftrag eingesetzt. Die erste Basislackschicht erfolgt aufgrund des hohen Auftragswirkungsgrades mit Hochrotationszerstäubern. Derzeit befinden sich Hochrotationszerstäuber und Lackmaterialien in der Entwicklung, die einen vollständigen Metallic-Basislack-Auftrag ermöglichen sollen.

Ein hoher Wert für den Flop ergibt sich dann, wenn sich die im Lack enthaltenen Aluminium-Flakes parallel zur Oberfläche des Lackfilms ausrichten können. Dies passiert beim Aufprall größerer Tropfen mit hoher Geschwindigkeit durch die damit verbundene Verformung (Abflachung) der Tropfen (pneumatische Zerstäubung). Bei kleinen oder zu langsamen Tropfen (Hochrotationszerstäubung) entsteht eine zufällige Ausrichtung der Aluminium-Flakes /36/. Zu große Tropfen führen zu einer geringeren Helligkeit des Lackfilms, da durch den zu nassen Auftrag die Aluminium-Flakes zu tief in den Lackfilm absinken können. Tabelle 2.2 verdeutlicht diese Zusammenhänge /32,33/.

	HD-Pneumatik	ESTA HD-Pneumatik	ND-Pneumatik	Standard-Glocke	Metallic-Glocke
AWG [%]	40 - 50	50 - 60	50 - 55	75 - 90	75 - 85
Helligkeitsdifferenz ΔL	0	+	-	- 4 bis - 6	- 0,7 bis - 1,2
Axiale Tropfen-geschwindigkeit [m/s]	10 - 15	10 - 15	5 - 10	2	≥ 4
Mittlere Tropfengröße [µm]	20 - 30	20 - 30	30 - 40	20 - 35	25 - 35

Tabelle 2.2: Vergleich verschiedener Zerstäuber zur Metalliclack-Applikation

2.3 Automation in der Lackiertechnik

Die Automatisierung bietet die Möglichkeit, den Lackiervorgang gezielt zu steuern und zu optimieren. Aus wirtschaftlicher Sicht sprechen für die Automatisierung des Lackiervorgangs folgende Argumente /8, 9, 37-39/:

- Höhere „First run"-Rate,
- Verbesserung der Lackfilmqualität, der Qualitätskonstanz, und der Prozeßsicherheit,
- Lackmaterialeinsparung durch Spritzstrahlanpassung an die Objektgeometrie (Reduzierung des „geometrischen Oversprays"),
- Verringerung der Umweltbelastung (Overspray, Lösemittelemissionen),
- Reduzierung des Aufwandes für die Anlagenreinigung,
- Senkung des Energiebedarfs durch geringere Luftsinkgeschwindigkeiten in der Lackierkabine,
- Verbesserung des Arbeitsumfeldes und der Arbeitsbedingungen (geringere Krankheitsraten und Fluktuation),
- Rationalisierung.

Das Automatisieren des Spritzlackierens erfolgt durch Bewegen eines Zerstäubers relativ zum Werkstück. Dazu steht eine Reihe von Bewegungseinrichtungen mit unterschiedlicher Kinematik und daraus folgender unterschiedlicher Flexibilität bezüglich Teilegeometrie zur Verfügung /40, 41/. Die höchste Flexibilität bezüglich Teilegeometrie bietet der Lackierroboter in Knickarmbauweise.

Der erste Lackierroboter wurde 1964 vorgestellt. Anfang der 80er Jahre wurden in Deutschland erstmalig Lackierroboter zur Beschichtung von Karosserieinnenraumen eingesetzt. Bis Ende 1996 sind in Deutschland 2444 Lackierroboter zum Einsatz gekommen /9, 38, 40/. Die Tendenz ist weiterhin ansteigend. Eine moderne Zelle für Karosserieinnenlackierung (Robcad-Simulation) zeigt das Bild 2.8.

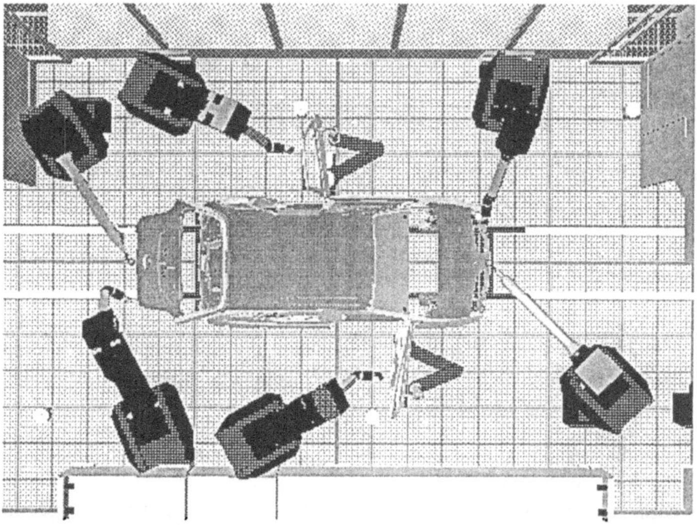

Bild 2.8: Karosserieinnenlackierung mit Robotern (Quelle: Dürr)

Die Steuerungen von Lackierautomaten und -robotern werden immer leistungsfähiger. Ihre Programmierung erfolgt zunehmend off-line (prozeßentkoppelt). Neben der eigentlichen Programmerstellung bietet die Off-line-Programmierung weitere Anwendungsmöglichkeiten und Vorteile:

- Layouterstellung bei Anlagenplanung,
- Taktzeitermittlung,
- Kollisionsbetrachtungen,
- Programmoptimierung.

Bei der Off-line-Programmierung von Lackierautomaten müssen Prozeßparameter berücksichtigt werden, die die Spritzstrahlform und damit die Bahnplanung bestimmen. Die heute sich im Einsatz befindenden Systeme ermöglichen dies in Form von sog. Pinseln (engl. Brush), die fest vorgegeben sind und auf die Teilegeometrie ohne Berücksichtigung der jeweils auftretenden Strömungsverhältnisse projiziert werden. Diese Pinsel, die die Schichtdickenverteilung einer Lackierbahn darstellen, werden experimentell auf ebenen Substraten ermittelt und im Off-line-System abgespeichert.

Die Systeme sind jedoch nicht in der Lage, für beliebige Zwischeneinstellungen der Prozeßparameter, Schichtdickenverteilungen zu bestimmen /42-46/.

2.4 Einflußgrößen auf die Spritzstrahl-, Spritzbild- und Qualitätsmerkmale

Der Lackierprozeß ist von einer Vielzahl verschiedener Prozeßparameter und Einflußgrößen abhängig. Charakterisiert wird der Lackierprozeß meist durch die Spritzstrahl- und Spritzbild- sowie durch die Qualitätsmerkmale des erzielten Lackierergebnisses. Als Spritzstrahlmerkmale sind die Zerstäubung, angegeben durch eine Tropfengrößenverteilung bzw. durch einen mittleren Tropfendurchmesser, und der daraus sich ergebende Lackauftragswirkungsgrad (AWG, vgl. Kapitel 3.1) anzusehen. Spritzbildmerkmale beschreiben die geometrische Form des Schichtdickenprofils einer getrockneten Lackierbahn (dynamisches Spritzbild). Charakteristische Größen des Schichtdickenprofils sind die Profilbreite und das Schichtdickenmaximum bzw. die Fläche unter der Profilkurve sowie der Profilexponent (eine mathematische Definition folgt im Kapitel 3.1). Diese Größen sind eng mit den Spritzstrahlmerkmalen, z.B. dem AWG, verbunden, der die auf dem Substrat abgeschiedene Lackmasse (und damit die Fläche unter der Profilkurve) bestimmt. Unter Qualitätsmerkmalen sind Größen zu verstehen, die an einer getrockneten Lackschicht gemessen werden wie z.B. Schichtdickengleichmäßigkeit, Flop, Farbton, Helligkeit, Verlauf usw. Hierbei ist zu beachten, daß in Abhängigkeit des Lacksystems meist nur bestimmte Größen von Interesse sind. Beispielsweise spielt bei Klarlacken nur Schichtdickengleichmäßigkeit und der Verlauf eine wichtige Rolle, bei Metallic-Basislacken dagegen die Schichtdickengleichmäßigkeit, der Flop, der Farbton und die Helligkeit.

Die Einflußgrößen auf den Lackierprozeß lassen sich in mehrere Gruppen, in die

- Zerstäuberparameter,
- Bahnparameter,
- Lackmaterialparameter,
- Umgebungsparameter und
- Werkstückparameter

unterteilen /47/. Einen Überblick über den qualitativen Einfluß ausgewählter Prozeßparameter auf die Spritzstrahl-, Spritzbild- und auf bestimmte Qualitätsmerkmale gibt die Tabelle 2.3. Angegeben wird die Merkmaländerung bei einer Zunahme des jeweiligen Parameters. Die Zusammenhänge gelten in der dargestellten Form für den in dieser Arbeit eingesetzten Silbermetallic-Wasserbasislack (daher werden bei den Qualitätsmerkmalen nur der Flop und die Helligkeit betrachtet).

	Spritzstrahl		Spritzbild (Schichtdickenprofil)			Qualität	
	Tropfengröße*	AWG	Breite	Maximum	Profilexp.	Flop	Helligkeit
Zerstäuberparameter							
Lackdurchfluß	+	+	+	+	+	-	-
Zerstäubungsluft	-	+	-	+	-	+	+
Zerstäuberdrehzahl	-	O	O/+	O/-	-	k.U.	k.U.
Hornluft	-	-	+	-	+	+	+
Lenkluft	O	-	O/-	O/-	O	k.U.	k.U.
Hochspannung	k.U.	+	+	+	O	k.U.	k.U.
Bahnparameter							
Spritzabstand	-	-	+	-	O	+	+
Bahngeschwindigkeit	O	-	O	-	O	+	+
Spritzwinkel	O	-	O	-	O	k.U.	k.U.
Lackparameter							
Festkörpergehalt	+	+	+	+	O/+	k.U.	k.U.
Fließverhalten	+	+	+	-	O/+	k.U.	k.U.
Temperatur	-	-	-	+	O/-	k.U.	k.U.
Umgebungsparameter							
Temperatur	O/-	O/-	O	O/-	O	O/+	O/+
rel. Luftfeuchte	O/+	O/+	O	O/+	O	O/-	O/-
Kabinenströmung	O	-	O	-	O	O	O
Werkstückparameter							
Größe	O	+	O	O	O	O	O
Geometriekomplexität	O	-	O	O	O	O	O
Oberflächenbesch.**	O	k.U.	k.U.	k.U.	k.U.	k.U.	k.U.
Temperatur	O	k.U.	k.U.	k.U.	k.U.	k.U.	k.U.

+: Merkmalzunahme, O: kein Einfluß, -: Merkmalabnahme, k.U.: keine Untersuchungen
* $d_{(V,0.5)}$, gemessen im Spritzabstand und Strahlachse
** Werkstoff, Zustand, Vorbeschichtung usw.

Tabelle 2.3: Einfluß ausgewählter Prozeßparameter auf die Spritzstrahl-, Spritzbild- und die Qualitätsmerkmale (Merkmaländerung bei einer Zunahme des betrachteten Prozeßparameters)

Bei anderen Lackmaterialien können die Abhängigkeiten etwas anders ausfallen, in den Tendenzen jedoch ähnlich. Bei den Zerstäuberparametern wird sowohl der pneumatische als auch der Hochrotationszerstäuber berücksichtigt.

2.5 Berechnungsverfahren für Spritzstrahl-, Spritzbild- und Qualitätsmerkmale

Ziel der Berechnungen von Spritzstrahl- und Spritzbildmerkmalen ist meist die auf dem Werkstück entstehende Schichtdickenverteilung, der zu erwartende Auftragswirkungsgrad sowie ggf. die erzielbare Lackfilmqualität. Ausgangspunkt der Berechnungen ist die Charakteristik des eingesetzten Zerstäubers und seiner Parametereinstellung. Ein Zerstäuber bzw. seine Parametereinstellung kann grundsätzlich auf zwei unterschiedliche Arten charakterisiert werden:

1. durch seine Spritzstrahlmerkmale, d.h. durch das entstehende Tropfenspektrum, durch die Geschwindigkeitsverteilung der Tropfen und ihre Bewegungsrichtung,
2. durch Spritzbildmerkmale, d.h. durch das Schichtdickenprofil eines statischen oder dynamischen Spritzbildes, welches meist auf einer ebenen Fläche erzeugt wird.

Beide Verfahren benötigen in Abhängigkeit der zahlreichen Prozeßparameter (vgl. Abschnitt 2.4) experimentell ermittelte Basisdaten, die mit Hilfe unterschiedlicher Simulationsmodelle verallgemeinert werden, um Ergebnisse für nicht untersuchte Einstellungen der Prozeßparameter zu erhalten.

2.5.1 Numerische Berechnungsverfahren

Numerische Simulationen des Beschichtungsvorgangs basieren auf der Berechnung von Flugbahnen einzelner Lackpartikel in einem bestimmten Strömungsfeld. Die Flugbahnen werden durch die auf die Partikel einwirkenden Kräfte bestimmt.

Für das pneumatische Spritzlackieren wurde in einer umfangreichen Arbeit ein numerisches, dreidimensionales Simulationsverfahren entwickelt, mit dem Spritzstrahl-, Spritzbild- und z.T. auch die Qualitätsmerkmale eines Lackfilms berechnet werden können /25/. Eingangsdaten der auf dem Euler/Lagrange-Verfahren aufgebauten Simulation sind in geringem Zerstäuberabstand experimentell ermittelte lokale Tropfengrößen- und Geschwindigkeitsverteilungen, Größe/Geschwindigkeits-Korrelationen und Anzahlkonzentrationen. Zur Berechnung der turbulenten Luftströmung werden die zeitgemittelten Erhaltungssätze für Masse, Impuls und Energie in Verbindung mit dem sogenannten k-ε-Turbulenzmodell nach erfolgter Diskretisierung mit einem Finite-Volumen-Verfahren gelöst. Die Berechnung der Partikelflugbahnen durch das turbulente Strömungsfeld geschieht auf der Basis des Newtonschen Axioms (Masse mal Beschleunigung ist gleich der Summe aller angreifenden Kräfte). Tropfenverdampfung und -koaleszenz werden bei den Berechnungen berücksichtigt.

Dieses Verfahren ist in der Lage, nahezu alle wichtigen Informationen über den Beschichtungsvorgang (Schichtdickenprofil, Auftragswirkungsgrad, Lackfilmqualität) auf prinzipiell beliebigen Werkstückgeometrien zu liefern, da bekannt ist, welches Tropfenspektrum mit welcher Geschwindigkeit auf welcher Stelle des Werkstückes sich abscheidet. Vergleiche der Berechnungen des Schichtdickenprofils und des Auftragswirkungsgrades mit Experimenten ergaben eine teilweise sehr gute Übereinstimmung /28/.

Nachteilig wirkt sich bei diesem Verfahren der hohe apparative, meßtechnische (die Daten werden mittels der Phasen-Doppler-Anemometrie /48/ ermittelt) und zeitliche Aufwand für die Ermittlung der Eingangsdaten der Berechnungen. Die Berechnungen selbst sind ebenfalls mit einem hohen Geräte- und Zeitaufwand verbunden. Dieser Aufwand ist für jede Änderung eines Prozeßparameters erforderlich.

Für den Hochrotationszerstäuber wurde ein ähnliches, wenn auch wesentlich einfacheres, Simulationsmodell aufgebaut /27/. Bezüglich der Vor- und Nachteile gelten auch für dieses Modell im wesentlichen die oben gemachten Aussagen.

2.5.2 Berechnungsverfahren auf der Basis von statischen und dynamischen Spritzbildern

Schichtdickenverteilungen auf relativ einfachen Flächen (z. B. Karosserieaußenflächen) in Abhängigkeit verschiedener Prozeßparameter können ausgehend von Spritzbildmerkmalen (Schichtdickenprofil statischer oder dynamischer Spritzbilder) berechnet werden. Voraussetzung dazu ist die experimentelle Ermittlung der Parameterabhängigkeiten der Spritzbildmerkmale durch Beschichtungsversuche. Durch die Variation jeweils eines Prozeßparameters ausgehend von einer Standardeinstellung entstehen Kennlinien für die Parameterabhängigkeit der Spritzbildmerkmale.

Nach Anpassung der Kennlinien durch mathematische Funktionen können Spritzbildmerkmale für beliebige andere Einstellungen der betrachteten Prozeßparameter berechnet werden /49, 50/.

Das oben beschriebene Regressionsverfahren liefert gute Ergebnisse, vor allem dann, wenn die bei der Berechnung eingegebenen Prozeßparameter in der „Nähe" der Kennlinien liegen. Es können Kennlinien nicht nur für die Spritzbildmerkmale, sondern auch für den Lackauftragswirkungsgrad und die Qualitätsmerkmale ermittelt werden und in die Berechnung einfließen. Der Nachteil dieser Methode ist der hohe experimentelle Aufwand für die Ermittlung der Kennlinien. Die Kennlinien gelten nur für die jeweiligen Versuchsbedingungen (Lackmaterial, Zerstäubertyp usw.). Die Berechnungen selbst sind mit einem sehr geringen Aufwand verbunden.

Eine ähnliche Vorgehensweise wurde zur Erstellung eines Berechnungsmodells gewählt, mit dem die Schichtdickenverteilung beim Spritzlackieren von profilierten Blechteilen ermittelt werden kann /51/. Auch hier ist keine Übertragbarkeit der gefundenen Ergebnisse auf z.B. andere Zerstäuber/Lackkombinationen gegeben.

In /52 - 55/ wird ein Modell zur Berechnung der Schichtdickenverteilung beim pneumatischen Spritzlackieren auf Freiformflächen vorgestellt. Bei diesem Modell wird die dreidimensionale Strömungsberechnung in zwei entkoppelte Berechnungen vereinfacht, in die Berechnung des ungestörten Freistrahls und in die Berechnung der Potentialströmung auf Freiformflächen. Die Zwei-Phasen-Strömung wird als eine Mischung der zwei Kontinuumsmedien Lack und Luft angesehen, wobei die diskreten Eigenschaften der beiden Medien unberücksichtigt bleiben. Maßgebend für die Schichtdickenverteilung ist letztendlich die zeitliche Konzentrationsverteilung des Lackes im Freistrahl. Diese prozeßparameterabhängige Größe wird durch zwei Probelackierungen (mit und ohne Hornluft) auf eine senkrecht zur Strahlachse stehende Testfläche mit konstanter Geschwindigkeit des Zerstäubers erfaßt. Die Ausbreitung der Strömung wird auch bei diesem Modell mit den Erhaltungssätzen für Masse, Impuls und Energie beschrieben.

Bei dieser Vorgehensweise wird nicht deutlich, wie gut der Spritzlackierprozeß mit seinen zahlreichen Einflußgrößen durch nur zwei Probelackierungen modelliert wird. Darüber hinaus lassen sich mit dieser Vorgehensweise keine Aussagen über die zu erreichende optische Lackfilmqualität machen.

3 Grundlagen zur Berechnung charakteristischer Spritzbild- und Qualitätsmerkmale beim pneumatischen Spritzlackieren

3.1 Auswahl der Merkmale, Definitionen

Für den automatischen Lackauftrag mit Lackierautomaten sind die Spritzbild- und die Qualitätsmerkmale sowie der Lackauftragswirkungsgrad von besonderer Bedeutung. Die Spritzbildmerkmale, d.h. die das Schichtdickenprofil einer Lackierbahn beschreibenden Größen, bestimmen die Bahnführung und die Bewegungsgeschwindigkeit des Lackierautomaten und sind somit für seine Programmierung unerläßlich. Die Spritzbildmerkmale in Verbindung mit der Bahnführung sowie der Zerstäubung beeinflussen die Qualitätsmerkmale des Lackfilms wie die Schichtdickengleichmäßigkeit, den Verlauf und die Optik (Farbton, Helligkeit, Flop). Der Lackauftragswirkungsgrad schließlich ist eine die Wirtschaftlichkeit und die Umweltfreundlichkeit des Prozesses beschreibende Größe. Wie bereits im Kapitel 2.4 dargestellt, sind alle hier betrachteten Merkmale und Größen eng mit der Prozeßführung verknüpft.

3.1.1 Spritzbildmerkmale

In Abhängigkeit der Zerstäuber- und Bahnparameter entsteht auf einer ebenen Fläche bei einer Hubbewegung des Zerstäubers ein charakteristisches Schichtdickenprofil (dynamisches Spritzbild), welches der Lackmassenverteilung im Spritzstrahl entspricht. Durch Überlagerung dieser Schichtdickenprofile ergibt sich ein geschlossener Lackfilm, dessen Verlauf vom Überlappungsgrad der einzelnen Schichtdickenprofile beeinflußt wird. Für eine optimale Lackfilmqualität ist daher die Kenntnis des Schichtdickenprofils von Bedeutung.

Schichtdickenprofile pneumatischer Zerstäuber können mit sehr guter Näherung durch die Funktion der Form

$$d(x) = \frac{F}{\sigma\sqrt{2\pi}} \cdot e^{-\frac{1}{n}\left[\frac{x - x_S}{\sigma}\right]^n} \qquad (3.1)$$

ausgedrückt werden /42, 56/. Die Profilparameter (Spritzbildmerkmale) Profilfläche F, Profilbreite σ, und Profilexponent n sind abhängig von der Einstellung der Zerstäuberparameter sowie vom Typ des Zerstäubers. Der Profilexponent n bestimmt die Form des Schichtdickenprofils. Wird für n in Gleichung 3.1 der Wert 2 eingesetzt, erhält man die Form der Gauß'schen Normalverteilung (Bild 3.1). Für höhere, gerade Exponenten (n = 4, 6, 8, ...) wird das Schichtdickenprofil zunehmend trapezförmig (Bild 3.2).

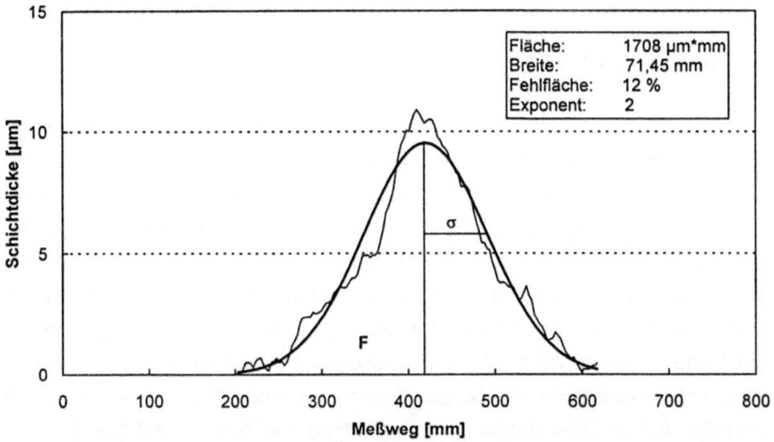

Bild 3.1: Gemessenes Schichtdickenprofil mit Anpassung durch eine Normalverteilung

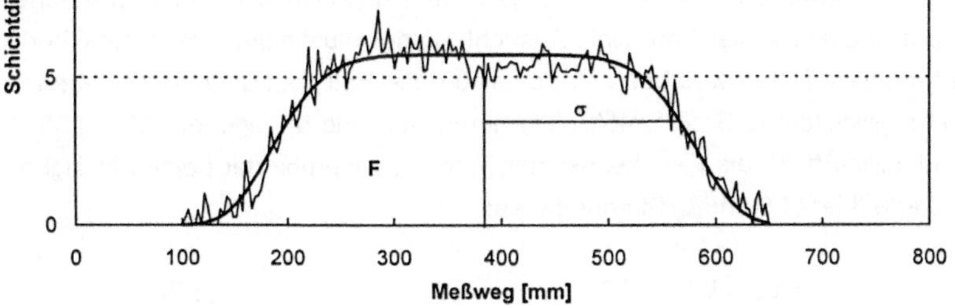

Bild 3.2: Gemessenes Schichtdickenprofil mit Anpassung durch eine Verteilung höherer Ordnung

Die experimentelle Ermittlung der Profilparameter erfolgt durch die Vermessung der Schichtdicke der dynamischen Spritzbilder (vgl. Kap. 4.2.1 und 4.2.3). Die Profilparameter werden mit einer hierfür erstellten Software (vgl. Kap. 8.4.1) aus den Meßdaten berechnet.

3.1.2 Qualitätsmerkmale

Das Qualitätsmerkmal Schichtdickengleichmäßigkeit wird bei der Lackierung größerer Flächen mit Hubautomaten im wesentlichen durch die Spritzbildmerkmale (Profilparameter F, σ und n) und die Bahnführung beeinflußt. Für einen optimalen Schichtdickenverlauf müssen die Spritzbildmerkmale und die Bahnführung aufeinander abgestimmt werden. Flache Schichtdickenprofile mit $n = 2$ sind für Flächenlackierungen am besten geeignet. Profile höherer Ordnung müssen exakt überlagert werden, sonst besteht die Gefahr der Streifenbildung durch Über- oder Unterbeschichtungen (Bilder 3.3a und 3.3b). Die Schichtdickengleichmäßigkeit wird bei den Simulationsberechnungen durch die Größen Schichtmaximum, Schichtminimum, arithmetischer Mittelwert und Standardabweichung angegeben (vgl. Kapitel 8.3.1).

Optische Qualitätsmerkmale wie Farbton, Helligkeit, Flop usw. werden hauptsächlich durch die Zerstäubung beeinflußt. In der vorliegenden Arbeit werden nur die beiden optischen Qualitätsmerkmale Helligkeit und Flop betrachtet. Der Farbton spielt bei dem eingesetzten Silber-Metallic-Lacksystem eine untergeordnete Rolle, da in ihm keine Buntpigmente und Farbstoffe enthalten sind. Die Helligkeit L eines Lackfilms wird bezogen auf die beiden Standards Schwarz ($L = 0$) und Weiß ($L = 100$). Bei Metallic-Lacken können für die Helligkeit größere Werte als 100 gemessen werden. Dies ist bedingt durch die im Lackfilm enthaltenen Aluminium-Flakes, die das Licht stärker reflektieren als der Weiß-Standard. Metallic-Lacke zeichnen sich dadurch aus, unter verschiedenen Betrachtungswinkeln unterschiedlich hell zu erscheinen. Die Ursache ist die meist parallele Ausrichtung der Aluminium-Flakes zur Oberfläche des Lackfilms. Daher wird bei Metallic-Lacken die Helligkeit unter verschiedenen Betrachtungswinkeln (z.B. 25°, 45°, 70°) gemessen und angegeben (L25, L45, L70). Der Metallic-Effekt, als Flop bezeichnet, wird als Differenz der beiden Helligkeitsextremwerte (hier L25 und L70) angegeben:

$$\text{Flop} = L25 - L70 \qquad (3.2)$$

Je größer dieser Wert, um so ausgeprägter ist der Metallic-Effekt.

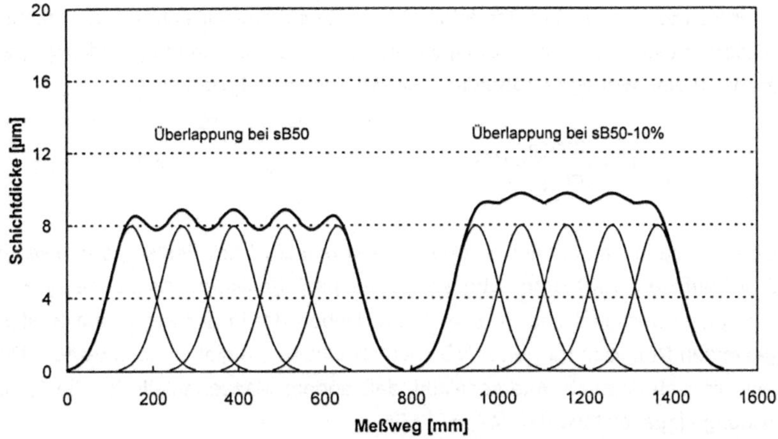

Bild 3.3a: Einfluß der Profilüberlappung auf den Gesamtschichtdickenverlauf, ausgehend von der Normalverteilung (n = 2)

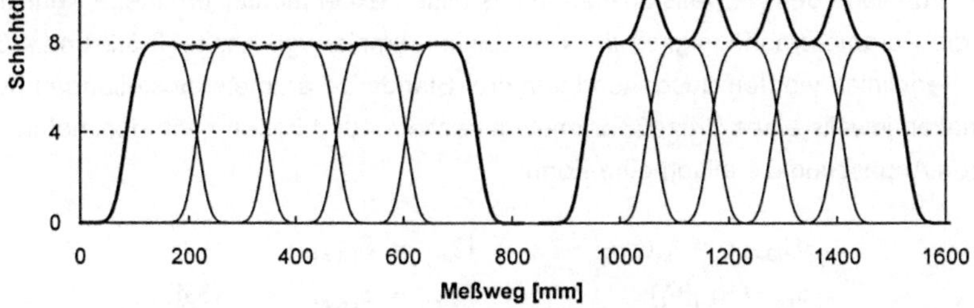

Bild 3.3b: Einfluß der Profilüberlappung auf den Gesamtschichtdickenverlauf, ausgehend von der Normalverteilung höherer Ordnung (n = 4)

3.1.3 Lackauftragswirkungsgrad

Bei der Beurteilung der Lackierverfahren und Zerstäuber hinsichtlich der entstehenden Lackverluste sowie bei ihrer Optimierung stellt der Lackauftragswirkungsgrad (η oder AWG) eine wichtige Größe dar. Der AWG ist wie folgt definiert:

$$\eta = \frac{m_{FK,2}}{m_{FK,1}} \cdot 100 \qquad (3.3)$$

Die beiden darin enthaltenen Größen, die verspritze Lack-Festkörpermasse $m_{FK,1}$ und die auf dem Prüfkörper abgeschiedene Lack-Festkörpermasse $m_{FK,2}$ werden gravimetrisch bestimmt (vgl. Kapitel 4.2.4). Neben der in der Praxis am häufigsten eingesetzten Definition für den AWG nach Gleichung 3.3 gibt es noch weitere Definitionen, die sich dadurch unterscheiden, daß andere Massenanteile für die Quotientenbildung eingesetzt werden /47, 57 - 60/.

3.2 Regressionsverfahren

Die in der vorliegenden Arbeit mit Hilfe des neuronalen Netzes durchgeführten Berechnungen werden mit Ergebnissen verglichen, die mit einem in der Literatur /49, 50, 61/ beschriebenen und in dieser Arbeit optimierten Regressionsverfahren erzielt wurden.

Die Grundlage des Regressionsverfahrens bilden experimentell ermittelte Kennlinien für die Parameterabhängigkeit der Spritzbildmerkmale (vgl. Kapitel 2.5.2 und 4.3.1). Die Kennlinien werden ausgehend von drei Standard-Parametereinstellungen durch Variation jeweils eines Prozeßparameters bestimmt und haben nach der mathematischen Anpassung die allgemeine Form:

$$\begin{aligned} d_{max,i,j} &= f_{i,j}(P_j); & P_{k\neq j} &= S_{i,k\neq j} \\ \sigma_{i,j} &= g_{i,j}(P_j); & P_{k\neq j} &= S_{i,k\neq j} \\ n_{i,j} &= h_{i,j}(P_j); & P_{k\neq j} &= S_{i,k\neq j} \end{aligned} \qquad (3.4)$$

Hierbei bedeuten:

d_{max}, σ, n: Spritzbildmerkmale
f, g, h: Approximations-Funktionen
P: Prozeßparameter

S:	Parameterwert bei Standardeinstellung
i:	Index für Standardeinstellung, i = 1, 2, 3
j, k:	Indizes für Prozeßparameter, j = 1 ... 5, k = 1 ... 5

Das sonst verwendete Spritzbildmerkmal Profilfläche F wird beim Regressionsverfahren durch das Merkmal maximale Profilschichtdicke d_{max} substituiert (vgl. Kap. 4.3.1). Die Prozeßparameter $P_{k \neq j}$ sind auf den Standardwert $S_{i,k \neq j}$ eingestellt und werden durch zyklische Vertauschung variiert. Damit entstehen drei Gleichungssysteme mit je fünfzehn Gleichungen.

Bei der Berechnung der Spritzbildmerkmale für beliebige Eingaben der Prozeßparameter wird zuerst das maßgebliche Gleichungssystem (Kennliniensystem) ermittelt. Das Kriterium hierfür ist die Summe der quadratischen Abweichungen der eingegebenen Prozeßparameter von den Werten der drei Standard-Parametereinstellungen. Es wird jenes Gleichungssystem für die Berechnungen ausgewählt, bei dem die Summe der quadratischen Abweichungen ein Minimum bildet. Danach wird der Prozeßparameter ermittelt, dessen Wert die größte Differenz zum Standardwert dieses Parameters aufweist (maßgeblicher Parameter). Mit diesem Prozeßparameter werden die Spritzbildmerkmale berechnet. Die Effekte der übrigen Parameter auf die Spritzbildmerkmale werden ebenfalls aus den zugehörigen Kennlinien berechnet und auf die Werte der Spritzbildmerkmale bei Standardeinstellung der Parameter bezogen. Mit der Summe der prozentualen Effekte werden die mit dem maßgeblichen Parameter berechneten Spritzbildmerkmale multipliziert. Damit ergibt sich für die Berechnung der Spritzbildmerkmale für beliebige Werte der betrachteten Prozeßparameter das folgende Gleichungssystem:

$$\begin{aligned}
d_{max,i,j} &= f_{i,j}(P_j) \cdot \left[1 + \sum_k \frac{d_{max,i,k \neq j} - d_{max}(S_{i,k \neq j})}{d_{max}(S_{i,k \neq j})} \right] \\
\sigma_{i,j} &= g_{i,j}(P_j) \cdot \left[1 + \sum_k \frac{\sigma_{i,k \neq j} - \sigma(S_{i,k \neq j})}{\sigma(S_{i,k \neq j})} \right] \qquad (3.5) \\
n_{i,j} &= h_{i,j}(P_j) \cdot \left[1 + \sum_k \frac{n_{i,k \neq j} - n(S_{i,k \neq j})}{n(S_{i,k \neq j})} \right]
\end{aligned}$$

3.3 Neuronale Netze

Bei Problemstellungen, deren Lösung auf mathematisch-analytische Weise zu aufwendig oder unmöglich ist, kann der Einsatz lernfähiger Systeme, z B. auf der Basis neuronaler Netze, zum Erfolg führen /62,63/. Ein neuronales Netz kann - ähnlich einem menschlichen Gehirn - mit Hilfe von einigen wenigen, experimentell gewonnenen Datensätzen (Trainingsmustern) für die Lösung einer Aufgabe trainiert werden. Damit ist es möglich, auch sehr komplexe funktionale Zusammenhänge zwischen den Eingangsgrößen (Prozeßparametern) und den Ausgangsgrößen (Spritzbild- und Qualitätsmerkmalen) zu modellieren.

3.3.1 Historische Entwicklung

Das Jahr 1943 ist entscheidend für die Theorie neuronaler Netze. McCulloch und Pitts veröffentlichen eine Arbeit (A logical causulus of the ideas immanent in nervous activity), die zeigt, daß jede aussagenlogische Funktion mittels eines neuronalen Netzes von einfachen binären Schwellenwertelementen (den später nach den Autoren benannten McCulloch-Pitts-Neuronen) simuliert werden kann. McCulloch-Pitts-Neuronen haben den Nachteil, daß sie starr miteinander verbunden und damit nicht lernfähig sind.

1949 veröffentlicht Hebb sein Buch (The organization of behavior), in dem er explizit erläutert, wie man Lernvorgänge physiologisch erklären kann. Er führt das Lernen auf die physiologische Veränderung von Nervenzellen und deren Verbindungen zurück und formuliert die später nach ihm benannte Hebbsche Lernregel. Damit steht ein einfaches, nicht mehr psychologisches Modell für das Lernen zur Verfügung.

Mitte der 50er Jahre werden die ersten Computersimulationen neuronaler Netze durchgeführt. 1956 organisieren die Computerpioniere Minski, McCarthy, Rochester und Shannon eine Konferenz in Dartmouth (USA), die als Geburtsstunde der „künstlichen Intelligenz" gilt. Rochester stellt dort umfangreiche Simulationen neuronaler Netze vor.

1958 entwickelt Rosenblatt das Modell des Perceptrons, das bis dahin einmalige Eigenschaften zeigt: das Perceptron kann sich teilweise selbst organisieren, ist lernfähig, kann einfache Muster klassifizieren, ist fehlertolerant und kann im gewissen Umfang verallgemeinern. Auf dieser Grundlage werden 1960 von Windrow und Hoff das sogenannte Adaline-Netz (Adaline: Adaptive linear Element) und später das Madaline-Netz (Madaline: Multiple Adaline) entwickelt. Das Adaline-Netz wird als erstes Netz zur Lösung realer Probleme, der Unterdrückung des Echoeffektes bei Ferngesprächen in Telefonleitungen, eingesetzt.

Ab 1969 kommt es zu einem Einbruch in der Erforschung und Entwicklung neuronaler Netze. Grund dafür ist die Veröffentlichung eines Buches (Perceptrons) von Minsky und Papert, in dem sie die prinzipiellen Schwächen aller perceptronartigen Netzwerkmodelle aufzeigen. Sie kommen zu dem Schluß, daß es sich nicht lohne, sich mit neuronalen Netzen weiterhin zu beschäftigen.

Erst in den 80er Jahren gelingt es, die scharfe Kritik von Minsky und Papert zu widerlegen. Einen wichtigen Beitrag dazu leistet Hopfield im Jahre 1982 mit seiner Arbeit (Neural networks and physikal systems with emergent collective computational abilities). Das Hopfield-Modell wird von ihm und anderen Forschern in verschiedene Richtungen weiterentwickelt. Die von Minsky und Papert aufgezeigten Schwächen beruhen vorwiegend auf der Tatsache, daß die Perceptron-Modelle nur eine Lage lernfähiger Prozessoren haben. Bei einem mehrlagigen Netz tritt das Problem auf, daß für die Schichten von Neuronen ohne eine direkte Verbindung nach „außen" (verdeckte Schichten) nicht direkt angegeben werden kann, welchen Fehler sie produzieren. 1985 entwickeln Rumelhart und Hinton einen leistungsfähigen Lernalgorithmus (Backpropagation), der es ermöglicht, ein Fehlersignal auch für die Neuronen verdeckter Schichten zu definieren. Dazu wird der Fehler der Ausgabeschicht rekursiv auf die darunterliegenden Schichten „zurückpropagiert". Dadurch ist es möglich, Netze mit beliebig vielen verdeckten Schichten zu konstruieren, deren Neuronen dennoch alle lernfähig sind.

Die prinzipiellen Schwächen perceptronartiger Netzwerkmodelle sind mit der Entwicklung des Backpropagation-Modells endgültig überwunden. Dies ist der Grund, warum Backpropagation-Netze die derzeit am häufigsten eingesetzten Netzwerktypen darstellen /64, 65, 103/.

3.3.2 Biologische Grundlagen

Aus Erfahrungen zu lernen, und das Gelernte auf andere, ähnliche Situationen und Ereignisse umzusetzen, ist eine der charakteristischen Eigenschaften intelligenter Lebensformen.

Obwohl ein Rechner konventioneller Bauweise in der Lage ist, Daten um 10er-Potenzen schneller als das menschliche Gehirn zu verarbeiten, ist er dennoch nicht fähig, abstrakte Aufgaben, wie das Lernen aus Beispielen, das schnelle Erkennen und Vervollständigen komplizierter Muster, das assoziative Speichern und Abrufen von

Informationen usw. zu lösen. Hierbei ist nicht die Verarbeitungsgeschwindigkeit der Informationen und die Genauigkeit der Operationen entscheidend, sondern die im Gehirn stattfindende, hochgradig parallele Verarbeitung.

Das menschliche Nervensystem besteht in anatomischer Sicht aus dem Zentralnervensystem (ZNS) und dem peripheren Nervensystem. Das ZNS setzt sich aus dem Gehirn und dem Rückenmark zusammen. Das Rückenmark dient überwiegend der Weiterleitung von Signalen, während im Gehirn der Großteil der eigentlichen Signalverarbeitung erfolgt. Das periphere Nervensystem umfaßt die Gesamtheit der peripheren Nervenbahnen.

Die eigentliche Funktionseinheit des Nervensystems ist die Nervenzelle (Bild 3.4). Die Nervenzelle (Neuron) besteht aus einem Zellkörper mit zwei Arten von Fortsätzen: dem Hauptfortsatz sowie den Dendriten.

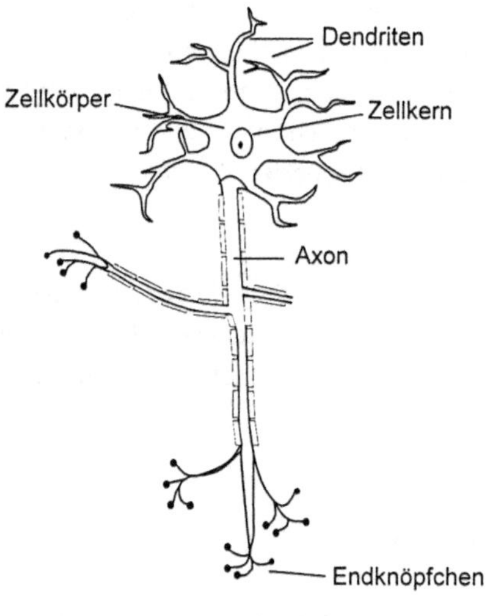

Bild 3.4: Schematische Darstellung einer Nervenzelle (Neuron) /66/

Die Dendriten vergrößern durch ihre Verzweigungen die Oberfläche und somit die Konnektivität der Zelle. An ihnen enden normalerweise die Hauptfortsätze anderer Neuronen. Dendriten sind der Ort des Erregungsempfangs (Eingangssignale). Das Axon leitet die Erregung an andere Nerven-, Muskel- oder Drüsenzellen weiter. Jedes Axon endet mit kleinen Endknöpfchen an anderen Nerven- und Muskelzellen. An den Endknöpfchen, welche mit der Membranfläche der nachgeschalteten Zellen die

Synapsen bilden, findet die Erregungsübertragung (Ausgangssignal) auf andere Zellen statt. Im Zellkörper werden die Eingangssignale zu einem Ausgangssignal an ein anderes Neuron weiterverarbeitet /66,67/.

Alle lebenden Zellen weisen aufgrund einer ungleichen Ionenverteilung zwischen intra- und extrazellulärer Flüssigkeit ein Ruhemembranpotential auf. Darüber hinaus haben erregbare Zellen die Eigenschaft, die Ionenleitfähigkeit ihrer Membran auf einen Reiz hin zu verändern, was große Potentialveränderungen zur Folge hat. Bei Reizung einer Nervenzelle entsteht ein sogenanntes Aktionspotential, welches im Nerv weitergeleitet wird. Das Entstehen eines Aktionspotentials läuft nach dem Alles-oder-Nichts-Prinzip ab. Das bedeutet, daß eine erregbare Zelle entweder depolarisiert wird oder nicht. Ein Zwischenzustand ist nicht möglich, so daß die Informationsübertragung durch Nervenzellen als „digital" bezeichnet werden kann.

Die Synapse ist die Verbindungsstelle des Axons eines Neurons mit einem anderen Neuron, einer Muskelzelle oder einer Drüsenzelle. An den Synapsen findet keine elektrische, sondern eine chemische Übertragung statt. Durch das elektrische Signal vom Axon wird im Endknöpfchen aus Bläschen (Vesikeln) an der präsynaptischen Membran ein Überträgerstoff, der Neurotransmitter, freigesetzt, welcher durch den synaptischen Spalt zur postsynaptischen Membran diffundiert und sich dort an spezifische Rezeptoren bindet. Diese Bindung bewirkt eine Änderung der elektrischen Aktivität der postsynaptisch gelegenen Zelle und kann ein Aktionspotential auslösen (Bild 3.5).

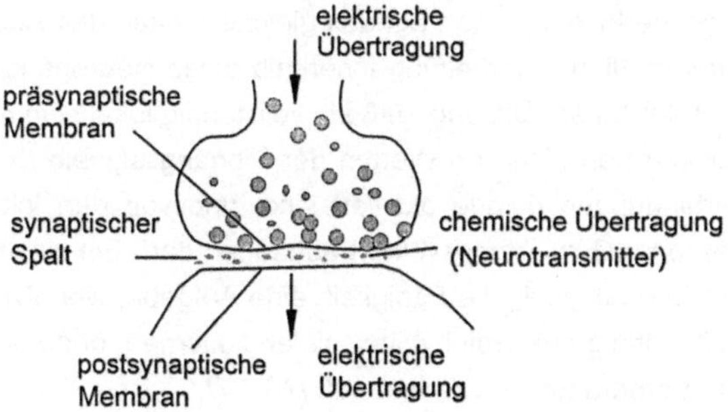

Bild 3.5: Schematischer Aufbau einer Synapse /67/

Synapsen haben Ventilfunktion, da sie das Signal nur in eine Richtung, nämlich vom prä- zum postsynaptischen Neuron durchlassen. Je nach Art des Transmitters wird die synaptische Übertragung gehemmt oder gefördert.

Information wird an synaptischen Kontaktstellen gespeichert. Das Lernen wird hauptsächlich durch die Veränderung der Synapsen der Neuronen ermöglicht. So kann die Effizienz einer Synapse durch Öffnung von Ionenkanälen an der Zielzelle gesteigert werden. Das Kurzzeitgedächtnis besteht aus Aktivitätsmustern der Neuronen. Die Information ist nur solange abrufbar, wie das Muster aktiv ist. Das Langzeitgedächtnis beruht auf strukturellen Veränderungen an den Synapsen. Die Stärke der Verbindung (Assoziation) von Neuronen und Neuronenverbänden hängt von den zwischen ihnen ausgebildeten Synapsen ab. Maßgebend für die Stärke der Verbindung sind Anzahl und Größe der Synapsen, Menge und Art ihrer Transmittersubstanz, Zahl der Rezeptoren für den Transmitter usw. Eine Veränderung dieser Parameter führt zu einer Änderung der Informationsübertragung und somit ihrer Lernfähigkeit.

3.3.3 Grundlagen künstlicher neuronaler Netze

Künstliche neuronale Netze (KNN) sind informationsverarbeitende Systeme, die aus einer größeren Anzahl einfacher Einheiten (Zellen, Neuronen, Prozessorelemente, units) bestehen, die sich Information in Form der Aktivierung der Zellen über gerichtete und gewichtete Verbindungen (connections) zusenden. Jedes Neuron hat genau einen Ausgang (Output), der in so viele parallele Verbindungen verzweigt, wie benötigt werden. Jede Verbindung überträgt das gleiche Signal, das Ausgangssignal des Neurons. Die Informationsverarbeitung innerhalb eines Neurons kann beliebig definiert werden, mit der Einschränkung, daß sie vollständig lokal sein muß. Dies bedeutet, daß sie nur von den aktuellen Werten der Eingangssignale (Inputs) der Neuronen, deren Verbindungen gerade aktiviert sind, und von den lokal gespeicherten Werten des Neurons (Gewichtungsvektor) abhängen darf. Ein wesentliches Element der KNN ist ihre Lernfähigkeit, die Fähigkeit, eine Aufgabe, wie etwa ein Klassifikationsproblem, selbständig aus Trainingsbeispielen zu lernen, ohne daß das neuronale Netz dazu explizit programmiert werden muß /76, 77/.

In diesem Kapitel werden allgemeine Grundlagen künstlicher neuronaler Netze behandelt, die für das Verständnis der Programmentwicklung und der Berechnungen (Kapitel 5) von Bedeutung sind. Für detaillierte Information zu diesem Thema wird auf die entsprechende Literatur /70, 76 - 78/ verwiesen.

Modell eines künstlichen Neurons

Wie bereits im Kapitel 3.3.2 beschrieben, läßt sich ein biologisches Neuron funktionell in drei Bereiche unterteilen:

1. Empfang von Eingangssignalen über die Dendriten
2. Weiterverarbeitung des Eingangssignals zu einem Ausgangssignal im Zellkörper
3. Weitergabe des Ausgangssignals über Axon und Endknöpfchen mittels Synapsen an andere Neuronen

Analog dazu werden künstliche Neuronen modelliert. Über die Synapsen an den Dendriten eines Neurons werden Eingangssignale X_i mit einer bestimmten Stärke W_i von anderen Neuronen aufgenommen. Die Eingangssignale werden aufsummiert und lassen, falls ein vorgegebener Schwellwert T überschritten wird, am Ausgang Y (Axon) eine Aktivität entstehen (Bild 3.6).

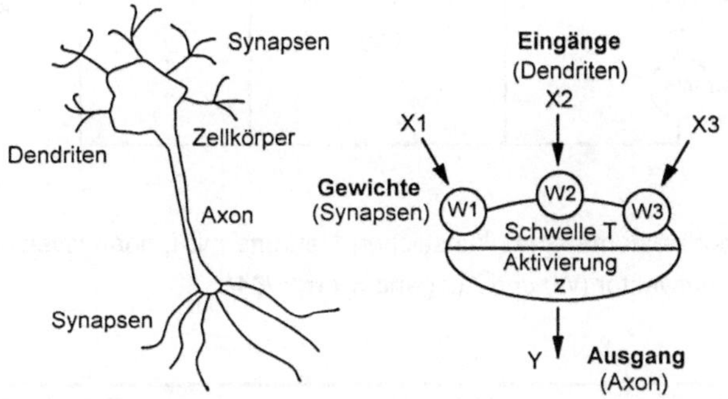

Bild 3.6: Analogie eines Modellneurons zu einem biologischen Neuron /70/

Bei diesem Neuronenmodell werden die Wirkungen von Hunderten von Synapsen zwischen den Axon-Verzweigungen eines Neurons und dem Dendritenbaum des anderen Neurons zu einem einzigen Gewicht W_i zusammengefaßt. Dennoch können mit dieser Vereinfachung für viele Probleme effektive Netze modelliert werden.

Die allgemeine Darstellung eines künstlichen Neurons, mit dessen Hilfe neuronale Netze aufgebaut werden zeigt Bild 3.7. Der Eingangsvektor (X) entspricht den von außen empfangenen Signalen. Die Stärke des Reizes, die bei natürlichen Neuronen durch die Zusammensetzung des Mediums der Synapsen und durch die Möglichkeit der Verdickung des Axons beeinflußt werden kann, wird beim künstlichen Neuron mittels des Gewichtungsvektors (W) nachgebildet. Die Gewichte (W_i) entsprechen den Synapsenstärken zwischen den Neuronen, die beim Lernen verändert werden. Die von außen bzw. von anderen Zellen empfangenen Signale werden mittels der Inputfunktion gewichtet und gegebenenfalls mit einem Schwellwert bewertet.

Die Entscheidung, ob und wie stark ein Reiz weitergeleitet werden soll, wird mittels der Aktivierungsfunktion (Transferfunktion) nachgebildet. Mittels der Outputfunktion können benachbarte Neuronen gehemmt werden. Der Ausgang (Y) entspricht dem Signal, welches an die nächsten Neuronen bzw. nach außen weitergegeben wird. Tabelle 3.1 zeigt eine Zusammenfassung der wichtigsten Input-, Transfer- und Outputfunktionen.

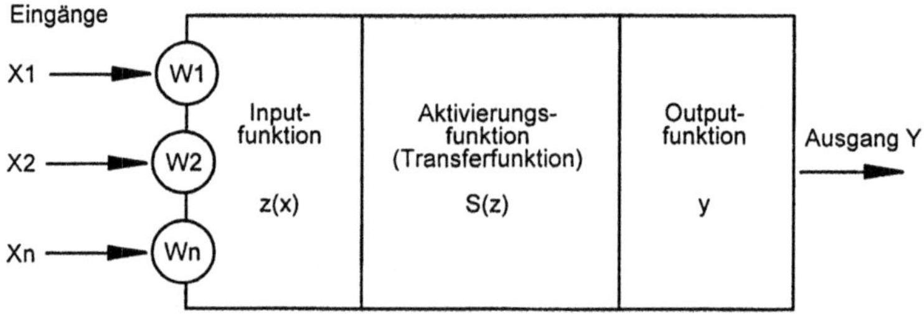

Bild 3.7: Funktionsschema eines künstlichen Neurons mit Eingangsvektor (X), Gewichtungsvektor (W) und Ausgangswert Y /64/

Inputfunktionen		**Aktivierungsfunktionen (Transferfunktionen)**		**Outputfunktionen**	
Summe:	$z = \Sigma(W_i \cdot X_i)$	linear:	$S(z) = z$	direkt	$Y = S(z)$
Produkt:	$z = \Pi(W_i \cdot X_i)$	sigmoid.	$S(z) = 1/(1+\exp(-k \cdot z))$		
Maximum	$z = \max(W_i \cdot X_i)$	sinus:	$S(z) = \sin(k \cdot z)$		
Minimum:	$z = \min(W_i \cdot X_i)$	binär:	$S(z) = 1$, für $z > 0$, sonst $S(z) = 0$		

Tabelle 3.1: Übersicht der gebräuchlichsten Input-, Transfer- und Output-Funktionen bei der Beschreibung neuronaler Netze /64/

Formale Beschreibung neuronaler Netze

Ein neuronales Netz kann durch folgende Komponenten charakterisiert werden /64/:

1. Die Menge der Neuronen (Prozessorelemente) PE:

$$PE = \{ PE_j \mid j \leq N \} \qquad (3.6)$$

mit Anzahl N der Neuronen im Netz.

2. Die Menge der Aktivierungszustände:

$$A = \{ a_i(t) \mid i \leq N, t < \infty \} \qquad (3.7)$$

der Neuronen PE_j. Ein Element $a_i(t) \in A$ gibt den jeweiligen Aktivierungszustand des Neurons PE_j zur Zeit t an. Der Aktivierungszustand eines gesamten Netzwerkes zum Zeitpunkt t kann durch einen Vektor $a(t) = (a_1(t), a_2(t), ...a_n(t))$ beschrieben werden. Er gibt die Aktivierung jedes einzelnen Neurons PE_j zum Zeitpunkt t an. Die Aktivierungsfunktion $a_i(t)$ wird später als $S(z_i)$ bezeichnet.

3. Die Netzwerktopologie:

Die Netzwerktopologie stellt die Struktur des Netzwerkes durch die Verbindungen zwischen den Neuronen und deren Gewichtung dar. Übliche Darstellungsformen der Netzwerktopologie sind Gewichtsmatrizen, auch Konnektionsmatrizen genannt, oder gerichtete Graphen, an deren Kanten die Gewichte notiert sind.

Notation der Gewichtsmatrix:

W_{ij} ist das Gewicht der Verbindung zwischen Neuron PE_j (Sender) zum Neuron PE_i (Empfänger).

4. Die Eingabemenge I und die Ausgabemenge O der einzelnen Neuronen:

Menge aller zulässigen Ein- bzw. Ausgaben für ein Neuron. Der Input X_i eines Neurons PE_i entspricht einem Vektor, welcher sich aus dem Output Y_j der mit PE_i verbundenen Neuronen PE_j, zusammensetzt.

Der Output Y_i eines Neurons PE_i entspricht immer einem einzigen, meist reellen Wert.

5. Die Ausgabefunktion f_i für PE_i:

berechnet aus der momentanen Aktivierung $a_i(t)$ von PE_i den Output, der an die nächsten Neuronen weitergegeben wird.

6. Die Inputfunktion (Propagierungsfunktion) Z_i:
berechnet sich anhand des Outputs der PE_j, die den Input $z_i(t)$ zu PE_i liefern.

$$Z_i(y_j(t), W_{ij}) = z_i(t) \text{ für } PE_i \qquad (3.8)$$

z_i wird als gewichteter Input bezeichnet.

7. Die Aktivierungsfunktion (Transferfunktion) S_i:
berechnet für jedes Neuron den neuen Aktivierungszustand $a_i(t+1)$ aus dem bisherigen Aktivierungszustand $a_i(t)$ und dem aktuellen gewichteten Input $z_i(t)$:

$$a_i(t+1) = S_i(a_i(t), z_i(t)) \qquad (3.9)$$

8. Die Lernregel:
beschreibt die Veränderung der Gewichte zwischen den Neuronen in Abhängigkeit von dem tatsächlichen Aktivierungszustand $a_i(t)$, dem erwarteten Aktivierungszustand oder Output der Neuronen, dem gewichteten Input und den alten Gewichten zwischen den Neuronen. Die Lernregel läßt sich als eine Funktion verstehen, welche die Gewichtsänderung Δw_{ij} beschreibt:

$$\Delta w_{ij} = w_{ij}(t+1) - w_{ij}(t) \text{ bzw.} \qquad (3.10)$$
$$\Delta w_{ij} = g(a_i(t), z_i(t)) \cdot h(y_j(t), W_{ij})) \qquad (3.11)$$

Durch Substitution erhält man die klassische Widrow-Hoff Lernregel

$$\Delta w_{ij} = \alpha \cdot (z_i(t) - a_i(t)) \cdot y_j(t) \qquad (3.12)$$

Das Backpropagation-Netz

Das Backpropagation-Netz ist ein mehrschichtiges, rückkopplungsfreies Feed-Forward-Netz. Die Differenz zwischen vorgegebener und tatsächlicher Ausgabe des Netzes dient zur Einstellung der Gewichte für die gewünschte Problemstellung. Dieses assoziative Lernen wird in allen Schichten außer der Eingangsschicht durchgeführt, indem der Fehler (Differenz zwischen gewünschtem und tatsächlichem Ausgabevektor) zurückpropagiert wird.

Das Backpropagation-Netz besteht aus der Eingangsschicht mit den Eingangsneuronen, welche zur Verteilung ankommender Signale (Eingabevektor) dienen, der Ausgangsschicht mit Ausgangsneuronen, welche die Signale an die Umgebung (Ausgabevektor) erzeugen sowie beliebig vielen verdeckten Schichten, deren Neuronen Signale propagieren und verarbeiten (Bild 3.8).

Die Vernetzung zwischen den Neuronen läuft streng hierarchisch immer von der Eingangs- zur Ausgangsschicht, wobei nicht nur direkt benachbarte Neuronen Verbindungen besitzen dürfen. Eine Verbindung kann auch beliebig viele Zwischenschichten überspringen. Diese Anordnung garantiert den Feed-Forward Charakter des Netzes und macht eine Rückkopplung unmöglich.

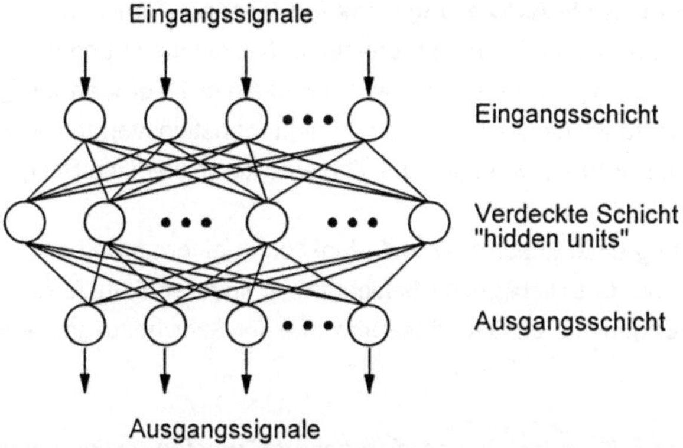

Bild 3.8: Struktur eines Backpropagation-Netzes

Der Backpropagation-Algorithmus

Die Lernregel eines Backpropagation-Netzes bzw. der Backpropagation-Algorithmus ist ein numerisches Verfahren. Für das Lernproblem wird das Minimum der Fehlerfunktion durch Abstieg in der Gradientenrichtung gesucht (Bild 3.9).

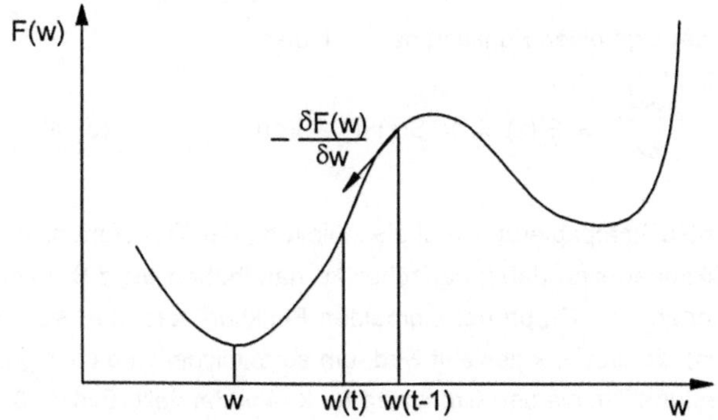

Bild 3.9: Suche nach dem Minimum der Fehlerfunktion F(w) zur Einstellung der Gewichte w durch Abstieg in negative Gradientenrichtung

Die Kombination derjenigen Gewichte eines Netzes, die den Berechnungsfehler minimiert, wird als Lösung des Lernproblems betrachtet. Der Gradient der Fehlerfunktion muß für alle Punkte des Gewichteraums existieren, d.h. die partiellen Ableitungen der Fehlerfunktion nach den einzelnen Gewichten müssen überall definiert sein.

Anforderungen an die Aktivierungsfunktion (Transferfunktion)

Damit die Fehlerfunktion des Backpropagation-Netzes stetig und überall differenzierbar ist, muß auch die Transferfunktion der einzelnen Neuronen stetig und differenzierbar sein. Darüber hinaus kann ein Gradientenabstiegsverfahren nur dann erfolgreich eingesetzt werden, wenn die Funktion eine kontinuierliche Steigung aufweist.

Die Verwendung einer linearen Transferfunktion in einem mehrschichtigen Netzwerk ist nicht sinnvoll, da beliebig viele Schichten mit linearer Transferfunktion durch Berechnung einer geeigneten Gewichtsmatrix in einer Schicht zusammengefaßt werden können.

Prinzipiell könnte für jedes Neuron eine andere Transferfunktion verwendet werden, um ein Netz aber nicht unnötig zu komplizieren, sollte dieselbe Transferfunktion über eine Schicht beibehalten werden. Obwohl das Verhalten des Netzes kaum von der genauen Form der Transferfunktion abhängt, wird in Backpropagation-Netzen die sigmoide Funktion am häufigsten eingesetzt:

$$S(z) = \frac{1}{1 + e^{(-k \cdot z)}} \tag{3.13}$$

Die Ableitung der sigmoiden Funktion nach z lautet:

$$\frac{\partial S(z)}{\partial z} = S'(z) = k \cdot S(z) \cdot (1 - S(z)). \tag{3.14}$$

Bei der Fehler-Rückpropagierung wird die Ableitung der Transferfunktion eingesetzt. Sigmoide Funktionen sind dabei einfacher zu handhaben als z.B. begrenzt lineare Transferfunktionen. Der Graph der sigmoiden Funktion verändert sich in Abhängigkeit von k (gain). Je größer k gewählt wird, um so ähnlicher wird die sigmoide Funktion der Treppenfunktion, die den Grenzwert für $k \to \infty$ darstellt (Bild 3.10).

Die Vorteile der sigmoiden Funktion sind:

- jeder beliebige Eingangswert wird auf das Intervall [0...1] abgebildet,
- Eingangswerte nahe null werden in diesem Bereich am stärksten getrennt,
- sehr große positive oder negative Werte führen immer zu Aktivitäten nahe den Werten eins bzw. null. Ihre absolute Größe ist durch den flachen Kurvenverlauf verhältnismäßig unerheblich.

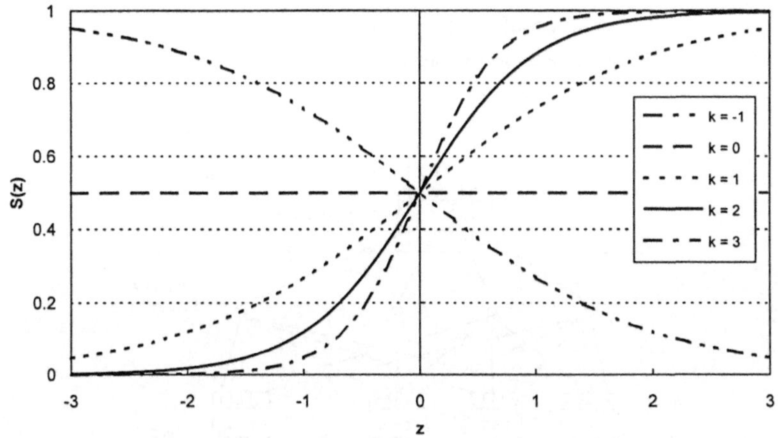

Bild 3.10: Sigmoide Funktion für k = -1, 0, 1, 2, 3

Training des Backpropagation-Netzwerks

Das Training neuronaler Netze hat die Anpassung der Netzgewichte an die vorgegebene Problemstellung zum Ziel. Während des Trainings muß eine große Anzahl von Trainingszyklen abgearbeitet werden. Ein Trainingszyklus umfaßt die einmalige Präsentation aller zu trainierenden Eingabe- und Ausgabevektoren sowie der jeweiligen Gewichtsänderung mittels des Backpropagation-Lernverfahrens. Ein zu trainierender Eingabevektor und der dazugehörige Ausgabevektor wird als Trainingsmuster bezeichnet.

In Abhängigkeit der Richtung des Datenflußes während des Trainings läßt sich das Backpropagation-Lernverfahren in zwei Phasen unterteilen. Während der ersten Phase fließt der Datenfluß von der Eingangs- zur Ausgangsschicht. Die von der Eingangsschicht verteilten Eingangssignale x_i werden durch die verdeckte(n) Schicht(en) zur Ausgangsschicht propagiert (Bild 3.11).

In den Neuronen der verdeckten Schichten sowie der Ausgangsschicht werden die gewichteten Signale aufsummiert und mittels der Transferfunktion bewertet:

$$z_i = \sum (W_{ij} \cdot X_j) \qquad \text{Inputfunktion} \qquad (3.15)$$

$$S(z_I) = \frac{1}{1+e^{(-k \cdot z_i)}} \qquad \text{Transferfunktion} \qquad (3.16)$$

mit i: Index für Empfänger-Neuron,
j: Index für Sender-Neuron

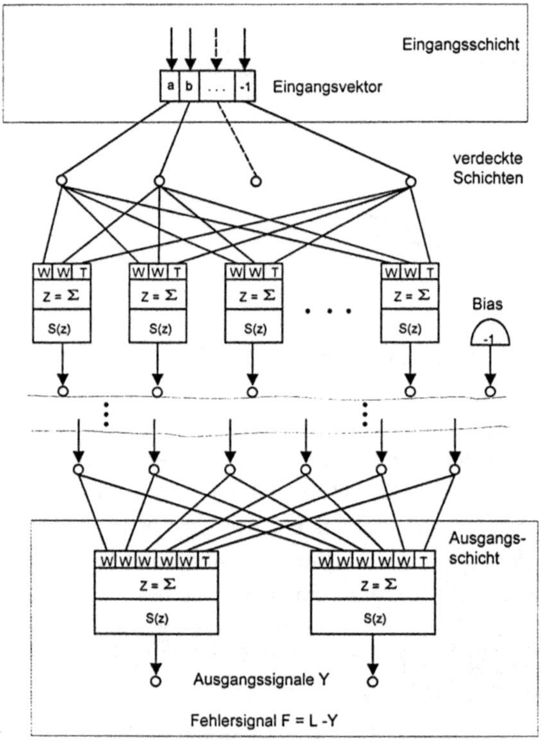

Bild 3.11: Datenfluß während der ersten Trainingsphase des Backpropagation-Netzes

Die vom Netz generierte Ist-Ausgabe wird mit der gewünschten Soll-Ausgabe verglichen und das Fehlersignal bestimmt. Es berechnet sich aus der Differenz des tatsächlichen Ausgangssignals Y eines Neurons und des Sollwertes der Trainings- bzw. Lernvorgabe L:

$$F_h = L_h - Y_h \qquad \text{Fehlersignal} \qquad (3.17)$$

In der zweiten Phase fließt der Datenfluß umgekehrt: das Fehlersignal wird in Richtung der Eingangsschicht zurückpropagiert und die Gewichte dementsprechend geändert (Bild 3.12). Für alle Prozessorelemente muß gelten:

$$\Delta W_{ij} = \alpha \cdot \delta_i \cdot S(z_j) \qquad \text{Gewichtsänderung} \qquad (3.18)$$

δ_i entspricht dem Fehler der Ausgangsneuronen bzw. dem Fehler der verdeckten Neuronen. Die Gewichte werden proportional zum entsprechenden Fehler geändert. In die Gewichtsänderung gehen die Lernrate α sowie die von der vorhergehenden Schicht ankommenden Signale mit ein.

Der Fehler der Ausgangsneuronen δ_h (Gleichung 3.19) errechnet sich aus dem Fehlersignal F und der Ableitung ihrer Transferfunktion; die Gewichtsänderung für die Ausgangsschicht (Gleichung 3.20) wird entsprechend Gleichung 3.18 berechnet:

$$\delta_h^{(n)} = F_h \cdot S'(z_h^{(n)}) \qquad (3.19)$$

$$\Delta W_{hi}^{(n)} = \alpha \cdot \delta_h^{(n)} \cdot S(z_i^{(n-1)}) \qquad (3.20)$$

Die Variablen der einzelnen Schichten werden durch einen hochgestellten Index unterschieden: Index (n) entspricht der obersten (Ausgangs-) Schicht. Die vorhergehende verdeckte Schicht wird mit (n-1) gekennzeichnet, usw., bis die Eingangsschicht erreicht ist. Die tiefgestellten Indizes kennzeichnen das Sender- bzw. das Empfänger-Neuron, und zwar entgegengesetzt dem Alphabet: der nachfolgende Buchstabe kennzeichnet immer das Sender-Neuron.

Der Fehler der Ausgangsneuronen wird in die vorhergehende verdeckte Schicht$^{(n-1)}$ zurückpropagiert und zur Berechnung des Fehlers (Gleichung 3.21) und der Gewichtsänderung (Gleichung 3.22) dieser Schicht verwendet:

$$\delta_i^{(n-1)} = S'(z_i^{(n-1)}) \cdot \sum (\delta_h^{(n)} \cdot W_{hi}^{(n)}) \qquad (3.21)$$

$$\Delta W_{ij}^{(n-1)} = \alpha \cdot \delta_i^{(n-1)} \cdot S(z_j^{(n-2)}) \qquad (3.22)$$

Dieser Fehler wird ebenso zurückpropagiert und zur Berechnung der Fehler der vorhergehenden Schicht verwendet. Dieser Vorgang wird solange wiederholt, bis die Eingangsschicht erreicht ist und alle Gewichte geändert sind.

Dem Training des Netzes schließt sich der Recall-Modus an, in welchem das Netz mit den eintrainierten Netzparametern arbeitet.

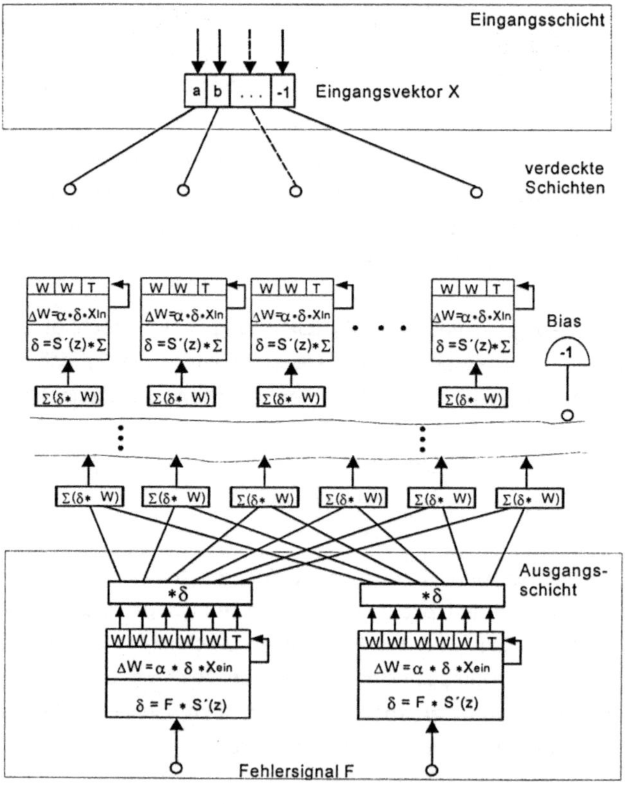

Bild 3.12: Datenfluß während der zweiten Trainingsphase eines Backpropagation-Netzes

3.3.4 Verhalten einfacher neuronaler Netze, Definition des SFQ-Wertes

Das Verhalten eines einfachen Backpropagation-Netzes während der Lernphase wird in diesem Kapitel an einem Beispiel erläutert. Das Netz soll eine ihm unbekannte mathematische Funktion der Form:

$$f(x) = 4x\cdot(1 - x) \qquad (3.23)$$

approximieren. Die Funktion dient zur Berechnung der Trainingsmuster sowie zum Vergleich der vom Netz nach dem Training berechneten Funktionswerte (Output-Werte) für beliebige Input-Werte.

Das hier eingesetzte, unter Verwendung der im Kapitel 3.3.3 beschriebenen Grundlagen für einen PC im Rahmen dieser Arbeit programmierte neuronale Netz weist eine flexible Struktur auf, die, entsprechend modifiziert, bei der Anwendung im Bereich der Lackiertechnik (vgl. Kapitel 5) ebenfalls zum Einsatz kommt. Der parallelverarbeitende Charakter neuronaler Netze wird simuliert /80, 104/.

Das Netz dieses Beispiels besteht entsprechend der Aufgabenstellung aus einem Eingangs- und einem Ausgangsneuron. Es können bis zu drei verdeckte Schichten mit einer beliebigen Anzahl von Neuronen je verdeckte Schicht realisiert werden. Die nachfolgenden Ergebnisse sind mit einer verdeckten Schicht mit 5 Neuronen berechnet. Das Netz wird mit $n = 16$ Trainingsmustern trainiert, die x-Werte sind dem Intervall [0...1] entnommen. Die Lernrate α beträgt 0,6. Die Startgewichte werden zufällig aus dem Intervall [-1...1] eingesetzt. Der Gain-Faktor der sigmoiden Transferfunktion beträgt 2.

Beim Training werden dem Netz die Trainingsmuster des Trainingssets in einer Vielzahl von Trainingszyklen präsentiert. Ein Trainingszyklus umfaßt das einmalige Training jedes Musters eines Trainingssets. Nach jedem neuen Trainingsmuster werden die Gewichte sofort in Richtung des größten Fehlergradienten adaptiert. Nach Änderung der Gewichte wird für den gesamten Trainingsmustersatz (Trainingsset) die Summe der Fehlerquadrate SFQ (Gleichung 3.24) berechnet. So erhält man für einen Trainingszyklus nach jedem Muster k einen SFQ-Wert (Anzahl der SFQ-Werte gleich Anzahl der Trainingsmuster).

$$SFQ_k = \sum_{k=1}^{n} (L_k - Y_k)^2 \qquad (3.24)$$

Der SFQ-Wert läßt sich als Qualitätskriterium für die Anpassung des Netzes an das gestellte Problem deuten. Je kleiner dieser Wert, um so besser ist die Anpassung des Netzes an die Problemstellung. Bild 3.13 zeigt den Verlauf des SFQ-Wertes für alle Trainingsmuster in Abhängigkeit der Trainingszyklen. Es wird deutlich, daß das Netz bei bestimmten Konstellationen instabil wird, der SFQ-Wert durchläuft mehrere lokale Minima, bevor er sich asymptotisch einem absoluten Minimum annähert. Der Verlauf des SFQ-Wertes hängt von zahlreichen Faktoren wie Netzarchitektur (Anzahl Schichten, Anzahl Neuronen, Transferfunktion), Lernrate, Startgewichte usw. ab. Bei ungünstigen Bedingungen erzielt das Netz keine zufriedenstellende Lösung. Dann müssen die Bedingungen geändert und das Training wiederholt werden. Bei der Einstellung der Netzparameter handelt es sich um eine empirische Vorgehensweise, die eine gewisse Erfahrung erfordert /79/.

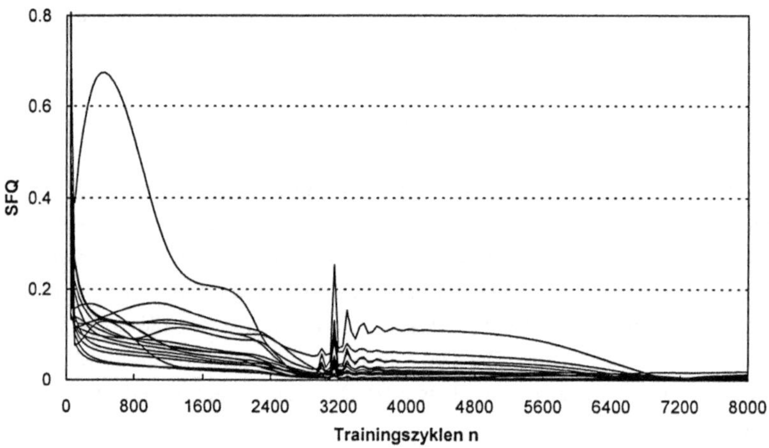

Bild 3.13: Verlauf der SFQ-Werte über Anzahl der Trainingszyklen für alle Trainingsmuster /80/

Um die Qualität der Netzanpassung an die gestellte Aufgabe besser beurteilen zu können, werden bestimmte Netzzustände festgehalten und ein Recall durchgeführt. Betrachtet werden die im Bild 3.14 dargestellten Netzzustände, die den Verlauf des Trainings für ein ausgewähltes Trainingsmuster verdeutlichen. In den Bildern 3.15a - 3.15e ist das jeweilige Ergebnis des Recalls, d.h. der Vergleich zwischen den vom Netz berechneten Werten mit den Werten, die mit Hilfe der Funktion (Gleichung 3.23) berechnet wurden, dargestellt. Betrachtet wird immer nur das trainierte Intervall [0...1]. Es zeigt sich, daß das Netz zu Anfang des Trainings (Einstellung mit Startgewichten) die Zielfunktion nicht approximieren kann, da das Problem noch unbekannt ist. Bereits nach 500 Trainingszyklen nähert sich das Netz der Zielfunktion an. Bei 2800 Trainingszyklen hat das Netz ein lokales Minimum und eine sehr gute Anpassung an die Zielfunktion erreicht. Hier könnte das Training abgebrochen werden. Bei 3150 Trainingszyklen hat das Netz ein lokales Maximum erreicht; die Anpassung an die Zielfunktion hat sich unwesentlich verschlechtert. Im weiteren Trainingsverlauf nähert sich das Netz asymptotisch gegen den SFQ-Wert null. Nach 8000 Trainingszyklen wurde das Training abgebrochen. Bei Trainingszyklus 7280 hat der SFQ-Wert ein Minimum mit einer sehr guten Anpassung an die Zielfunktion erreicht.

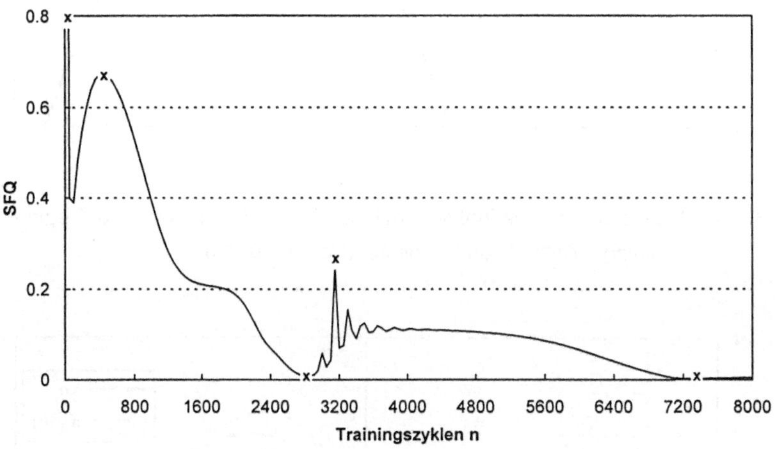

Bild 3.14: Verlauf des SFQ-Wertes für ein ausgewähltes Trainingsmuster. Markiert sind die Netzzustände für die Recall-Berechnungen /80/

Bei dem betrachteten Beispiel zeigt sich (und dies wird durch die Berechnungen im Kapitel 5 bestätigt, kann jedoch nicht verallgemeinert werden), daß das Netz erst nach mehreren tausend Trainingszyklen einen SFQ-Wert erreicht, der eine gute Anpassung an das gestellte Problem andeutet. Der SFQ-Wert sollte dabei im Bereich von ca. 0,1 liegen.

Außerhalb des trainierten Intervalls findet das Netz keine zufriedenstellende Lösung, da ihm der mathematische Zusammenhang nicht bekannt ist. Diese Eigenschaft ist bei der Auswahl des Intervalls für die Trainingsdaten zu berücksichtigen.

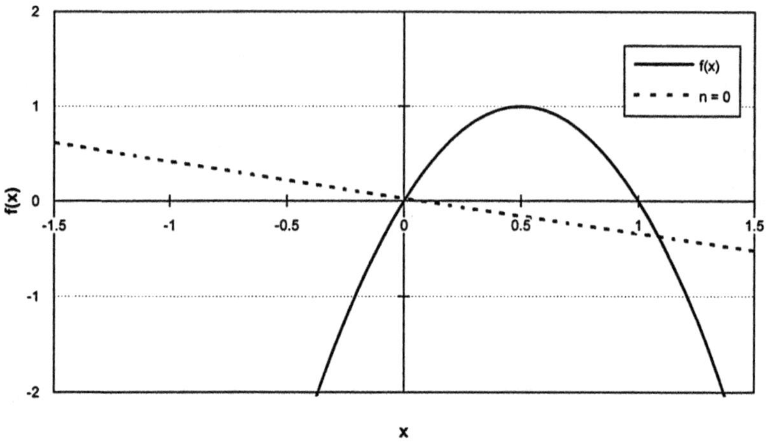

Bild 3.15a: Vergleich der Zielfunktion mit der Netzapproximation zu Beginn des Trainings (Anzahl von Trainingszyklen n = 0) /80/

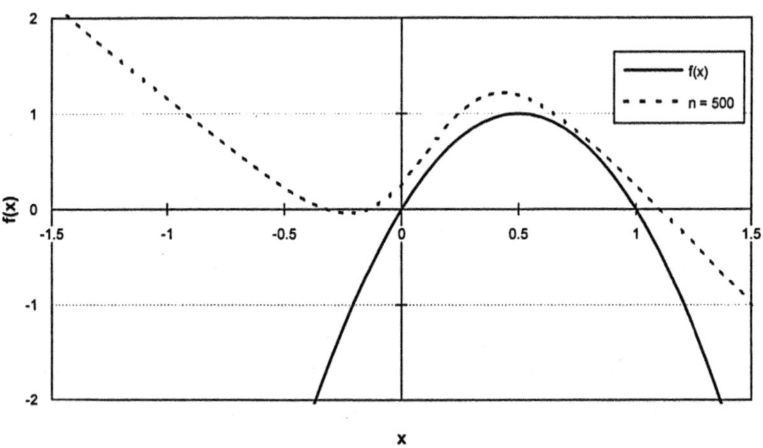

Bild 3.15b: Vergleich der Zielfunktion mit der Netzapproximation nach 500 Trainingszyklen /80/

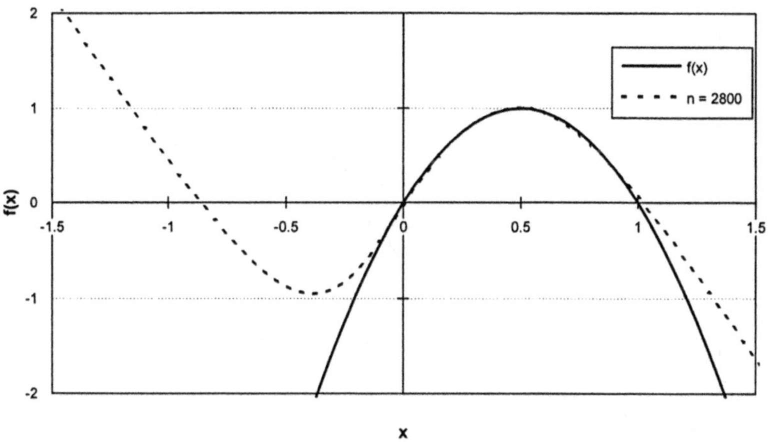

Bild 3.15c: Vergleich der Zielfunktion mit der Netzapproximation nach 2800 Trainingszyklen /80/

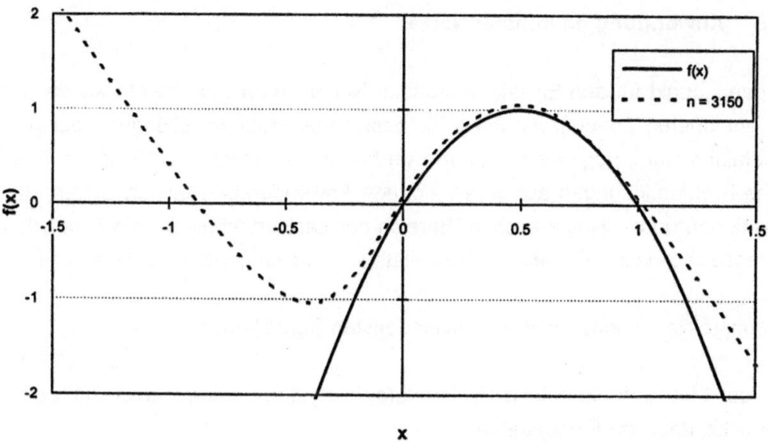

Bild 3.15d: Vergleich der Zielfunktion mit der Netzapproximation nach 3050 Trainingszyklen /80/

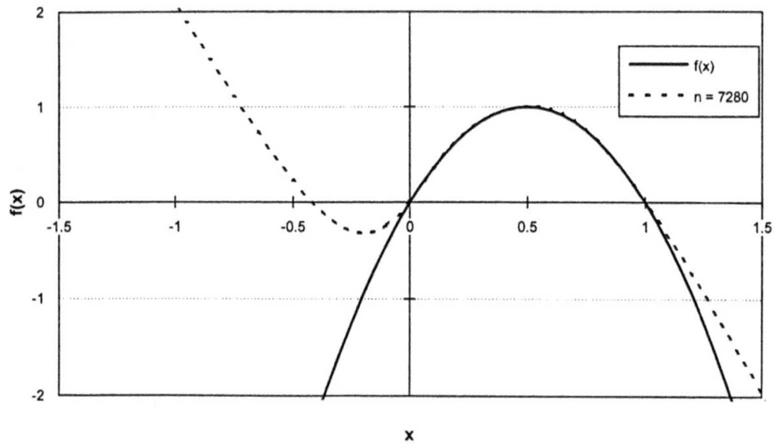

Bild 3.15e: Vergleich der Zielfunktion mit der Netzapproximation nach 7280 Trainingszyklen /80/

3.3.5 Anwendung neuronaler Netze

Ausgangspunkt für den Einsatz neuronaler Netze sind meist Gründe wie das Fehlen von geeigneten Lösungsverfahren für bestimmte Problemstellungen oder die Aufwandminimierung gegenüber anderen Verfahren. Die folgenden Beispiele für erfolgreiche Problemlösungen aus verschiedenen Anwendungsbereichen zeigen, daß der Einsatz neuronaler Netze auch im Bereich der Lackiertechnik für die Simulation des Prozesses sowie zur Prozeß- und Qualitätsüberwachung untersucht werden muß.

Neuronale Netze finden in den verschiedensten Bereichen, z.B.:

- in der Luft- und Raumfahrt (fehlertolerante Systeme, Flugüberwachung und Diagnostik, adaptive Flugsysteme)
- in der Medizin (Auswertung von Langzeit-EKGs, Blutdrucküberwachung)
- in der Meteorologie (Wettervorhersage, Luftbildauswertung)
- in der Automobilindustrie (akustische Rundlaufdiagnostik von Motoren, Getrieben)
- in der Produktion (Qualitätskontrolle, Prozeßsteuerung und -regelung)
- in der Biochemie und Verfahrenstechnik (Molekülstrukturprognose, Prognose von Stoffkonstanten)
- in der Sicherheitstechnik (Sprengstoffdetektoren, Personenidentifikation)

- in der Wehrtechnik (Objekterkennung, Auswertung von Sensorsignalen)
- in der Kommunikationstechnik (Rauschunterdrückung, Echounterdrückung, Signalfilter, Datenkompression zur Beschleunigung der Datenübertragung, Spracherkennung und Sprachgenerierung)
- im Finanz- und Versicherungswesen (Aktienkursprognose, Kreditrisikoabschätzung, Risikobewertungen von Versicherungen)
- im Versandwesen (Handschriftenerkennung, Postleitzahlenlesegeräte, Adressatenauswahl) usw.

ihren Einsatz /63, 64, 68-75/. Fast alle oben erwähnten Anwendungen lassen sich auf mehr oder weniger komplexe Muster- bzw. Gestalterkennungsprobleme oder logistische Filter reduzieren.

4 Experimentelle Untersuchungen zur Ermittlung der Parameterabhängigkeit der Spritzbild- und Qualitätsmerkmale beim pneumatischen Spritzlackieren

Die im Rahmen dieser Arbeit durchgeführten experimentellen Untersuchungen gliedern sich in vier Abschnitte:

1. Für das Regressionsverfahren (vgl. Kapitel 3.2 und Kapitel 6) werden Prozeßkennlinien benötigt. Bei den Untersuchungen muß daher der Einfluß jedes betrachteten Prozeßparameters auf die Spritzbildmerkmale systematisch ermittelt werden (Methode der Standardeinstellungen). Die Ergebnisse dieser Untersuchung werden auch als Trainings- und Testdaten für das neuronale Netz zur Berechnung der Spritzbildmerkmale verwendet.

2. Neuronale Netze zeichnen sich durch die Eigenschaft aus, sich auf der Basis einer verhältnismäßig geringen Anzahl von Trainingsdaten einer Problemstellung anzupassen. Die Trainingsdaten sollten das betrachtete Parametergebiet abdekken (vgl. Kap. 3.3.4), die Auswahl der Parametereinstellungen muß jedoch nicht systematisch erfolgen. Da die Ermittlung der experimentellen Daten aufwendig ist, sollte das Ziel sein, mit einer möglichst geringen Anzahl von Versuchen auszukommen. Um dieses Ziel zu erreichen, werden in diesem Abschnitt Methoden der statistischen Versuchsplanung eingesetzt. Die Ergebnisse werden als Trainingsdaten für das neuronale Netz zur Berechnung der Qualitätsmerkmale und des Lackauftragswirkungsgrades verwendet.

3. Im dritten Abschnitt der experimentellen Untersuchungen wird der Zusammenhang zwischen Spritzbildmerkmalen dynamischer und statischer Spritzbilder ermittelt. Dynamische Spritzbilder sind mit einem geringeren Aufwand zu erstellen, als statische, und werden daher heute überwiegend zur Ermittlung der Spritzbildmerkmale verwendet, sie enthalten jedoch weniger Informationen. Bei statischen Spritzbildern ist es darüber hinaus möglich, diese mit Hilfe der digitalen Bildverarbeitung (BV) auszuwerten und sogar Aussagen über die quantitative Schichtdickenverteilung zu machen /88 - 90/. Die Auswertung mit der BV ist, gemessen am Informationsgehalt, mit einem deutlich geringeren Aufwand verbunden, als die konventionelle Schichtdickenmessung.

4. Im vierten Abschnitt der experimentellen Untersuchungen werden Spritzbildmerkmale eines Hochrotationszerstäubers ermittelt und als Trainingsdaten für das neu-

ronale Netz verwendet. Ziel dieser Untersuchung ist es zu zeigen, daß das neuronale Netz auch für andere Applikationsverfahren einsetzbar ist (vgl. Kapitel 10).

Im Bild 4.1 ist die Versuchsdurchführung, die Methodik und die Anwendung der Ergebnisse schematisch dargestellt.

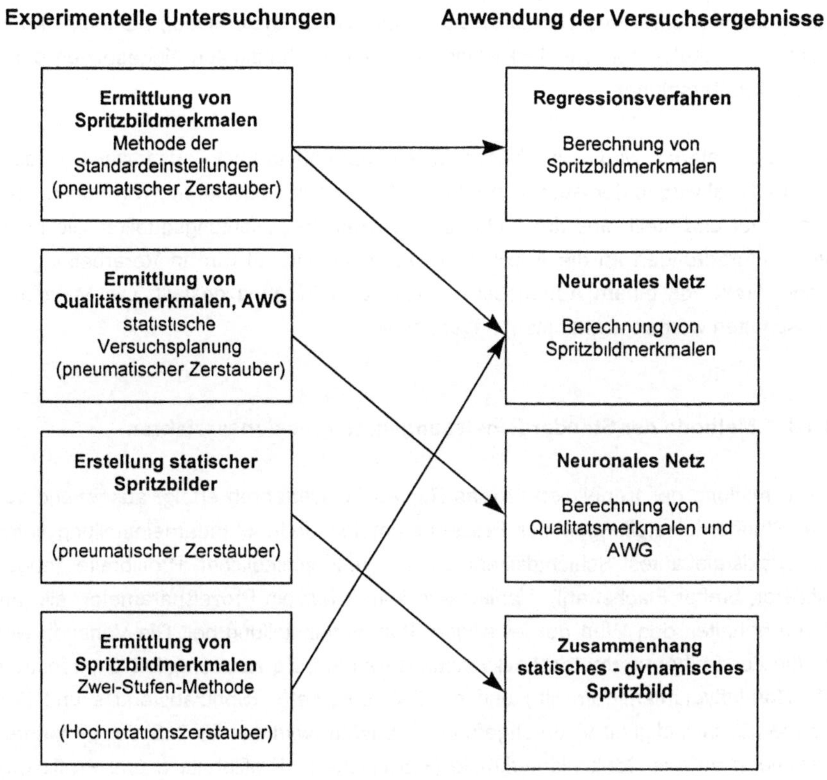

Bild 4.1: Schematische Darstellung der Versuchsdurchführung

4.1 Parameterauswahl, Definition der Variationsbereiche

Bei den Untersuchungen im Rahmen dieser Arbeit werden aus der Vielzahl von Größen, die den Lackierprozeß beeinflussen (vgl. Kapitel 2.4) nur diejenigen Prozeßparameter ausgewählt, die auch in der Praxis variiert werden. Alle übrigen Prozeßparameter werden konstant gehalten und entsprechend den Produktionsbedingungen eingestellt. Die Variationsbereiche der Parameter werden so definiert, daß das Prozeßfenster, in dem eine ausreichende optische Beschichtungsqualität erzielbar ist, nicht verlassen wird.

Die Beschichtungsversuche dieses Abschnitts werden mit einem pneumatischen Zerstäuber der Firma Dürr (vgl. Kapitel 2.2.4) durchgeführt. Dieser Zerstäuber ist mit Komponenten der Firma DeVilbiss (Luftkappe, Düse, Düsennadel) bestückt und im Bereich der Automobilserienlackierung einer der am häufigsten eingesetzten pneumatischen Zerstäuber.

Als Lackmaterial wird ein Wasserbasis-Metalliceffekt-Lack ausgewählt. Dieses Lackmaterial wird in der Automobilindustrie für die Serienlackierung von Fahrzeugen verwendet und stellt, aus der Sicht der optischen Beschichtungsqualität, die höchsten Anforderungen an die Applikation. Das Lackmaterial wird in Verarbeitungszustand direkt von einem Automobilhersteller zur Verfügung gestellt. Die Materialeigenschaften werden als konstant angenommen.

4.1.1 Methode der Standardeinstellungen, Regressionsverfahren

Die Ermittlung der Kennlinien für das Regressionsverfahren erfolgt ausgehend von drei Standardeinstellungen der Prozeßparameter. Jede Standardeinstellung liefert ein praxisrelevantes Schichtdickenprofil mit unterschiedlicher Profilbreite (enger, mittlerer, breiter Flachstrahl). Variiert wird immer nur ein Prozeßparameter, alle anderen behalten den Wert der jeweiligen Standardeinstellung bei. Die Variation wird für die Zerstäuberparameter (Lackvolumenstrom FM, Zerstäubungsluftvolumenstrom ZL, Hornluftvolumenstrom HL) und die Bahnparameter (Spritzabstand s und Zerstäubergeschwindigkeit v) durchgeführt. Betrachtet wird der Einfluß der genannten Parameter auf die Spritzbildmerkmale (Profilfläche F, Profilbreite σ und Profilexponent n).

Die Werte der Standardeinstellungen und die Variationsbereiche der Prozeßparameter sind in Tabelle 4.1 zusammengefaßt.

	FM [ml/min]	ZL [Nl/min]	HL [Nl/min]	s [mm]	v [mm/s]
Standard 1 Variationsbereich	**300** 300 - 450	**250** 150 - 300	**200** 150 - 300	**300** 200 - 300	**300** 100 - 400
Standard 2 Variationsbereich	**400** 400 - 500	**280** 200 - 320	**260** 200 - 300	**300** 200 - 300	**200** 200 - 400
Standard 3 Variationsbereich	**450** 350 - 550	**300** 250 - 350	**350** 250 - 400	**300** 200 - 300	**200** 100 - 400

Tabelle 4.1: Definition der Standardeinstellungen und der Variationsbereiche der Prozeßparameter

4.1.2 Statistische Versuchsplanung

Allgemeines

Prozeßuntersuchungen dienen als Grundlage zur Steuerung und Regelung von Fertigungsprozessen im Sinne einer Verbesserung der Produktqualität, der Wirtschaftlichkeit und der Umweltverträglichkeit der Fertigung. Als sehr erfolgreich haben sich bei der Untersuchung von Fertigungsprozessen die Methoden der statistischen Versuchsplanung (SVP) erwiesen. Ihr wesentlicher Vorteil liegt in der geringen Anzahl von Versuchen, anhand derer die Haupteinflußgrößen auf den Prozeß mit hoher Aussagesicherheit nachgewiesen werden können /81, 82/.

Methoden der SVP

Bei der Durchführung von Parameterstudien kommen im wesentlichen folgende Versuchsplanungsmethoden zur Anwendung /83 - 87/:

- Full Factorial Design
- Taguchi-Methode
- Shainin-Methode
- Genetic Algorithm

Versuchsplan

Die Versuchsdurchführung dieses Abschnittes orientiert sich am Verfahren der Variablensuche nach Shainin. Hierbei werden zwei Parametereinstellungen definiert, Standard 0 und Standard 1. Die Einstellung des Standards 0 erzeugt einen engen, die Einstellung des Standards 1 einen breiten Flachstrahl. Bei der Parametervariation wird ausgehend von Standard 0 jeweils ein Parameter auf den Wert des Standards 1 gesetzt, wobei alle anderen Parameter die Werte des Standards 0 behalten. Entsprechend wird für Standard 1 verfahren.

Die Variation erfolgt für die Zerstäuberparameter (Lackvolumenstrom FM, Zerstäubungsluftvolumenstrom ZL, Hornluftvolumenstrom HL), Bahnparameter (Spritzabstand s und Zerstäubergeschwindigkeit v, bzw. Hubabstand a) sowie für die Kombination der Umgebungsparameter (Lufttemperatur T und relative Luftfeuchte φ).

Ermittelt werden die Qualitätsmerkmale (Helligkeit L25, L45, L70, Farbton a25, a45, a70, b25, b45, b70 und Flop) sowie der Lackauftragswirkungsgrad η /91/.

Die Qualitätsmerkmale müssen an vollständig mit mehreren Lackierbahnen beschichteten Versuchsblechen (Flächenlackierungen) ermittelt werden. Hierbei ist eine definierte Sollschichtdicke (15 µm) bei einer gleichmäßigen Schichtdickenverteilung zu erzielen. Dazu sind in einem ersten Schritt (Vorversuche) Spritzbildmerkmale zu bestimmen. Die Spritzbildmerkmale bestimmen die Bahnführung (Zerstäubergeschwindigkeit und Hubabstand). Die Sollschichtdicke wird bei den Flächenlackierungen durch eine variable Zerstäubergeschwindigkeit eingestellt, die deshalb aus dem Zwei-Stufen-Versuchsplan für die Flächenlackierungen (Tabelle 4.2) herausfällt und durch die Variation des Hubabstands ersetzt wird. Der Hubabstand wird ebenfalls in zwei Stufen variiert; die Stufen wurden durch eine rechnerische Überlappung der Schichtdickenprofile aus der Voruntersuchung ermittelt.

Die Beschichtungsversuche (Tabelle 4.2) werden durch Groß- und Kleinbuchstaben bezeichnet. Die Bezeichnung gibt an, welcher Parameter variiert wird. Großbuchstaben bezeichnen die Variation ausgehend von Standard 0, Kleinbuchstaben bezeichnen die Variation ausgehend von Standard 1.

Zusätzlich zu den Versuchsbeschichtungen werden fünf Musterbleche (M1 - M5) zur Verifikation der Berechnungen des neuronalen Netzes lackiert. Die Parametereinstellungen sind ebenfalls in Tabelle 4.2 enthalten.

Versuchs-bezeichnung	FM [ml/min]	ZL [Nl/min]	HL [Nl/min]	s [mm]	v [mm/s]	a [mm]	T [°C]	φ [%]
Standard 0	300	200	250	200	700	135	22	80
A	450	200	250	200	1100	135	22	80
B	300	300	250	200	700	135	22	80
C	300	200	350	200	630	135	22	80
D	300	200	250	300	520	135	22	80
E	300	200	250	200	890	100	22	80
F	300	200	250	200	920	135	23	60
f	450	300	350	300	1040	100	22	80
e	450	300	350	300	770	135	23	60
d	450	300	350	200	1300	100	23	60
c	450	300	250	300	1180	100	23	60
b	450	200	350	300	900	100	23	60
a	300	300	350	300	700	100	23	60
Standard 1	450	300	350	300	1100	100	23	60
M1	400	280	270	300	1000	135	23	60
M2	500	240	300	300	1300	135	23	60
M3	400	300	220	300	1050	100	23	60
M4	400	280	260	200	1100	100	23	60
M5	450	230	310	300	1000	100	22	80

Tabelle 4.2: Parametereinstellungen zur Ermittlung der Qualitätsmerkmale

4.1.3 Zusammenhang zwischen statischen und dynamischen Spritzbildern

Spritzbildmerkmale statischer Spritzbilder sind, mit Ausnahme der Zerstäubergeschwindigkeit, von denselben Prozeßparametern abhängig, wie diejenigen der dynamischen Spritzbilder. Die Zerstäubergeschwindigkeit wird durch den Parameter Spritzzeit t ersetzt, die sich aus der Geschwindigkeit der Spaltblende v_b und deren Breite b (vgl. Kapitel 4.2.1) berechnet.

Der Zusammenhang zwischen Merkmalen statischer und dynamischer Spritzbilder wird auf die beiden Größen Spritzzeit und Zerstäubergeschwindigkeit zurückgeführt. Daher werden bei den Untersuchungen nur diese Parameter variiert; die Einstellung des Zerstäubers und der Spritzabstand bleiben konstant. Als Parametereinstellung für den Zerstäuber wird Standard 3 (vgl. Tabelle 4.1) gewählt. Diese Einstellung liefert einen ausgeprägten Flachstrahl. Die Einstellungen der variierten Parameter sind aus Tabelle 4.3 zu entnehmen.

statisches Spritzbild			dynamisches Spritzbild
b [mm]	v_b [mm/s]	t [s]	v [mm/s]
50	384	0,13	100
100	384	0,26	200
150	384	0,39	300
200	384	0,52	400

Tabelle 4.3: Parametereinstellungen bei der Untersuchung des Zusammenhangs zwischen dem statischen und dynamischen Spritzbild

4.2 Versuchsdurchführung und Meßtechnik

4.2.1 Versuchsaufbau

Dynamische Spritzbilder und Flächenlackierungen

Die Erstellung der dynamischen Spritzbilder und die Flächenlackierungen wurden in einer geschlossenen Technikums-Lackieranlage unter Produktionsbedingungen durchgeführt. Die Anlage besteht aus mehreren Lackierzonen, die über separate Zuluftanlagen versorgt werden und über unabhängige Lackabscheidungssysteme verfügen. Zum Werkstücktransport ist ein reversierbarer Bodenförderer eingebaut. Die Versuchsbleche werden an einem Lackiergestell mit Hintergrundblech befestigt, wobei das Lackiergestell auf einem Wagen montiert und somit verfahrbar ist. Die Trocknung der lackierten Versuchsbleche erfolgt in einem Umluftofen.

Für die Versuchsbeschichtungen wurden zwei elektrisch angetriebene Lackierautomaten, ein Lackierroboter der Fa. ABB mit 7 Achsen sowie ein freiprogrammierbares Hubgerät der Fa. Dürr mit 3 Achsen eingesetzt (Bild 4.2). Der Lackierroboter (TR 5003) ist auf einer 4 m langen Verfahrachse montiert. Die Applikationstechnik des Roboters besteht aus zwei Zahnraddosierpumpen, getrennten Luftmengenregelungen für die Zerstäubungs- und Hornluft sowie einer Farbwechseleinrichtung. Die Applikationstechnik des Hubgerätes entspricht der des Roboters. Das Hubgerät ist sowohl für den Einsatz von pneumatischen als auch von Hochrotationszerstäubern mit Innen- und Außenaufladung des Lackmaterials ausgerüstet /93/.

Die Dosiergenauigkeit der Lackpumpen wird durch Auslitern und Wiegen überwacht; die Kalibrierung der Luftmengenregler erfolgt mit einem Luft-Massenstrom-Meßsystem (Sensyflow der Fa. Sensycon), welches auf dem Prinzip des Heißfilmanemometers arbeitet /94, 95/.

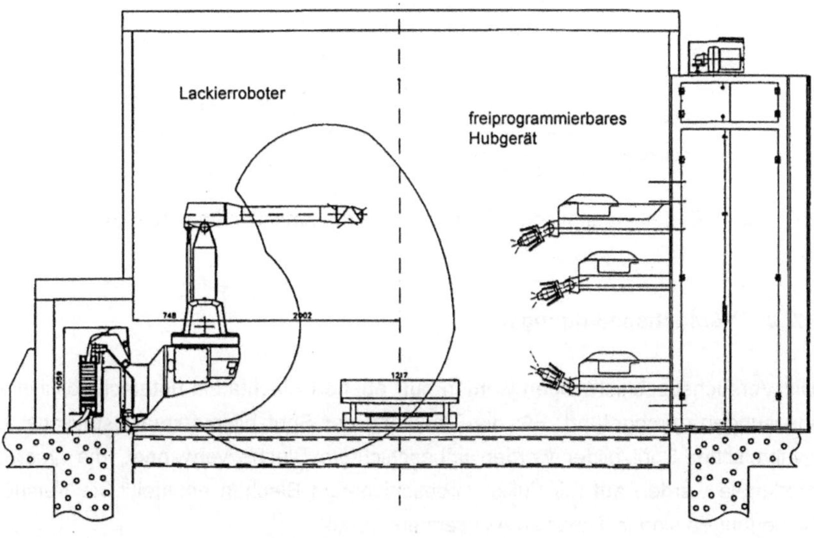

Bild 4.2: Bei der Versuchsdurchführung eingesetzte Lackierautomaten

Statische Spritzbilder

Zur Erstellung statischer Spritzbilder wird ein spezieller Versuchsstand eingesetzt. Hierbei bewegt sich eine Spaltblende mit einer definierten Geschwindigkeit durch den stationären Spritzstrahl des Zerstäubers (Bild 4.3). Unter der Spaltblende befindet sich die Spritzbildunterlage, die durch die Spaltblende partiell beschichtet wird. Zerstäuber und Spritzbildunterlage befinden sich in Ruhe zueinander. Der Zerstäuber wird von einer Zahnraddosierpumpe mit Lackmaterial versorgt. Die Luftvolumenstrome werden mit einem Luftmassenstrom-Meßsystem eingestellt.

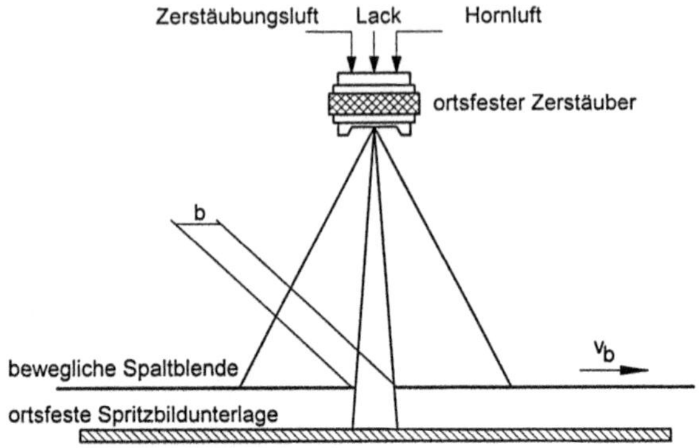

Bild 4.3: Erstellung statischer Spritzbilder (schematische Darstellung)

4.2.2 Versuchsbedingungen

Die Versuchsbeschichtungen werden auf ebenen Blechtafeln unterschiedlicher Abmessungen durchgeführt. Für die Ermittlung der Spritzbildmerkmale statischer und dynamischer Spritzbilder werden unbeschichtete Bleche verwendet, die Qualitätsmerkmale werden auf mit Füller vorbeschichteten Blechen ermittelt. Die Versuchsbedingungen sind in Tabelle 4.4 zusammengefaßt.

Zerstäuber	Pneumatischer Automatikzerstauber der Fa. Durr	
	Luftkappe:	DeVilbiss 797/216
	Lackduse (Durchmesser 1,4 mm).	DeVilbiss AV-15-FF
Lackmaterial	Wasserbasislack, Silber-Metallic	
	Dichte nach DIN 53 217:	1,303 g/cm³
	Festkörpergehalt nach DIN 53 216	21,8 Gew.-%
	Abluftzeit:	mind 2 min
	Trocknungstemperatur:	130 °C
	Trocknungsdauer:	30 min
Kabinenbedingungen	Temperatur (Spritzbilder):	23 °C
	Temperatur (Flachenlackierungen).	variabel
	rel Feuchte (Spritzbilder)	60 %
	rel Feuchte (Flachenlackierungen):	variabel
	Luftsinkgeschwindigkeit:	0,5 m/s

Tabelle 4.4: Versuchsbedingungen

4.2.3 Schichtdickenmeßtechnik

Die Messung der Lackschichtdicke erfolgt mit dem magnetisch-induktiven Meßverfahren. Dieses Verfahren eignet sich zur Messung von nichtferromagnetischen Schichten auf ferromagnetischen Untergründen /96 - 98/. Die Meßunsicherheit des Verfahrens beträgt nach DIN 50 981 ± 10 % vom Meßwert bei Schichten über 15 µm Dicke und ± 1,5 µm bei Schichten unter 15 µm Dicke /99/. Hierbei handelt es sich um die absolute Meßungenauigkeit. Bei Messungen unter bekannten Randbedingungen innerhalb von Versuchsreihen ist die Meßgenauigkeit deutlich besser (vgl. Kap. 9.1).

Die Meßsonde wird auf einem hierfür konzipierten Koordinatenmeßtisch eingesetzt und mit drei freiprogrammierbaren Linearachsen von Meßpunkt zu Meßpunkt bewegt. Damit kann die Sonde automatisch mit hoher Positioniergenauigkeit und Reproduzierbarkeit in einem engen Punktraster die Schichtdicke erfassen. Der vom Schichtdickenmeßgerät gemessene Wert wird über eine Schnittstelle in den Rechner eingelesen und verarbeitet /100/.

Die im Rahmen dieser Arbeit erstellten Versuchsbleche wurden mit drei parallelen Bahnen und einem Meßabstand der Punkte von 3 mm vermessen. Aus den drei Schichtdickenprofilen wird durch Mittelwertbildung ein mittleres Profil berechnet, welches nach Glättung als Grundlage für die Ermittlung der Spritzbildmerkmale (vgl. Kap. 8.4.1) dient.

4.2.4 Ermittlung des Lackauftragswirkungsgrades

Der Auftragswirkungsgrad (AWG, vgl. Kapitel 3.1.3) wird nach der gravimetrischen Methode durch Beschichtung von ausreichend großen Aluminiumfolien (Abmessungen: 800 mm x 200 mm) mit einer Lackierbahn ermittelt. Die Parametereinstellungen entsprechen den Beschichtungsversuchen (vgl. Tabelle 4.2). Die beschichteten Aluminiumfolien werden bei gleichen Trocknungsbedingungen wie die Versuchsbleche (T = 130 °C, t = 30 min) getrocknet. Die Bestimmung der auf der Folie abgeschiedenen Lack-Festkörpermasse erfolgt durch Wägung der Folien mit einer Präzisionswaage (Meßunsicherheit ≤ ± 0,005 g). Die verspritzte Lack-Festkörpermasse ergibt sich aus dem eingestellten Lackvolumenstrom, der Beschichtungszeit, während der sich die Zerstäuberachse über der zu beschichtenden Folie befindet, der Lackdichte und dem Festkörpergehalt des Lackmaterials.

Bei dieser Bestimmungsmethode für den AWG wird der vorbeigespritzte Lackmaterialanteil nicht berücksichtigt. Daher sind die Wirkungsgrade wesentlich höher als unter Praxisbedingungen. Für Vergleiche von Zerstäubern oder Parametereinstellungen ist dieser AWG aber gut geeignet /47, 101/.

4.2.5 Ermittlung optischer Qualitätsmerkmale

Die Farbtonmessung erfolgt mit einem Simultan-Spektrometer der Fa. Zeiss/Datacolor. Für Metallic-Lacke ist dieses Meßgerät mit einem Gonio-Meßkopf ausgerüstet. Für die Bestimmung der Farbwerte und der Helligkeit werden die Versuchsbleche unter den festen Differenzwinkeln (zwischen Glanzposition und Beobachtungsposition) von 25°, 45° und 70° vermessen.

Die Software des Meßprogrammes ermöglicht neben anderen Funktionen die Erfassung der Farbmaßzahlen L, a und b (Helligkeit, Farbton Rot-Grün-Achse, Farbton Blau-Gelb-Achse). Die Absolutwerte geben eine Auskunft über den Farbort der Probe innerhalb des dreidimensionalen CIELAB-Farbraumes /102/.

Aus den ermittelten L-Werten bei 25° und bei 70° kann durch Subtraktion der sogenannte Flop berechnet werden. Diese Größe ist eine Maßzahl für den Metallic-Effekt. Sie gibt die unterschiedlichen Helligkeitseindrücke der Lackierung in Abhängigkeit vom Blickwinkel wieder. Die Ausrichtung der Aluminium-Flakes im Lackfilm bestimmt die Ausprägung des Effektes. Liegen sie gleichmäßig parallel zum Untergrund, ist der Metallic-Effekt deutlich ausgeprägt, da das einfallende Licht gerichtet reflektiert wird und der Helligkeitseindruck sich je nach Betrachtungswinkel ändert. Ist die Anordnung der Flakes dagegen ungeordnet, wird das Licht dementsprechend ohne Vorzugsrichtung reflektiert und der Helligkeitseindruck ist unabhängig vom Betrachtungswinkel.

4.3 Versuchsergebnisse

Die Ergebnisse der experimentellen Untersuchungen werden in diesem Kapitel zusammengefaßt und diskutiert. Ihre Anwendung d.h. Aufbau der Simulationsmodelle, Berechnungen und die Verifikation wird in späteren Kapiteln beschrieben.

4.3.1 Einfluß der Prozeßparameter auf das Spritzbild und die Qualitätsmerkmale von Flächenbeschichtungen

Die Ergebnisse der Untersuchungen werden in diesem Abschnitt an ausgewählten Beispielen erläutert. Die vollständige, tabellarische Zusammenstellung der Ergebnisse und die Funktionen der Kennlinien mit ihren Koeffizienten sind in den Kapiteln 5.2 (Tabelle 5.5 und 5.6) und 6.1 (Tabelle 6.1) enthalten.

Regressionsverfahren

Die Parameterstudien basieren auf drei Standard-Parametereinstellungen (vgl. Tabelle 4.1), die drei unterschiedliche Schichtdickenprofile ergeben: einen engen, mittleren und breiten Flachstrahl (Bild 4.4). Die experimentell ermittelten Kennlinien werden durch lineare, exponentielle oder logarithmische Funktionen angepaßt. Für die Anpassung wird diejenige Funktion verwendet, die den kleinsten quadratischen Fehler liefert. Bei der Extrapolation muß daher beachtet werden, daß sich bei linearen Funktionen u.U. negative Werte für die Spritzbildmerkmale ergeben könnten bzw. daß die logarithmische Funktion für den Wert Null nicht definiert ist. Das für das Regressionsverfahren erstellte Programm berücksichtigt diese Einschränkungen.

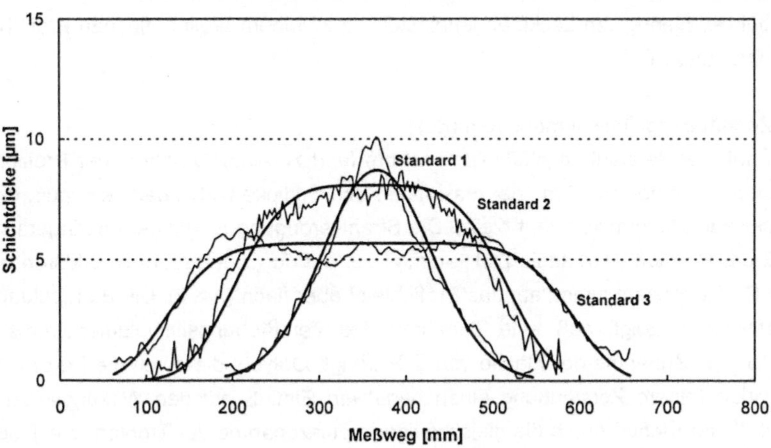

Bild 4.4: Schichtdickenprofile der gewählten Standard-Parametereinstellungen

Im folgenden wird anhand der Kennlinien für die Standard-Parametereinstellung 3 (breiter Flachstrahl) der Einfluß der variierten Parameter auf die Spritzbildmerkmale diskutiert (Bilder 4.5, 4.6 und 4.7). Das sonst verwendete Spritzbildmerkmal Profilfläche F wird hier durch die maximale Schichtdicke d_{max} des Schichtdickenprofils ersetzt. Diese beiden Größen können nach Gleichung 3.1 ineinander überführt werden, da der Exponent für $x = x_s$ den Wert Null annimmt, so daß für die maximale Schichtdicke des Profils gilt:

$$d_{max} = \frac{F}{\sigma\sqrt{2\pi}} \tag{4.1}$$

- Lackvolumenstrom (FM)

Die Erhöhung des Lackvolumenstroms führt zu einer höheren maximalen Schichtdicke d_{max} sowie zu einer größeren Profilbreite. Die Strahlaufweitung beruht darauf, daß der höhere Lackvolumenstrom mehr Zerstäubungsenergie benötigt, wodurch der Einfluß der Hornluft (bei konstant gebliebenem Zerstäubungsluftvolumenstrom) auf den Spritzstrahl größer wird. Der höhere Lackvolumenstrom bewirkt bei konstantem Luftverhältnis einen Anstieg des mittleren Tropfendurchmessers (und damit des Tropfenimpulses), der sich in einem höheren Lackauftragswirkungsgrad niederschlägt. Betrachtet man die Profilfläche, so ergibt sich in diesem Fall bei einer Erhöhung des Lackvolumenstroms um 25 % ein Flächenzuwachs von 29 %, d.h. eine Wirkungsgradverbesserung um 4%. Auch der Profilexponent nimmt mit steigendem Lackvolumenstrom zu. Die Profilform verändert sich von einer Normalverteilung ($n = 2$) bei der niedrigsten Lackmengeneinstellung zu einem breiten, flachen Profil höherer Ordnung ($n = 6$).

- Zerstäubungsluftvolumenstrom (ZL)

Ein höherer Zerstäubungsluftvolumenstrom führt zu einer Abnahme der Profilbreite, die nun mit einer Zunahme der maximalen Schichtdicke verbunden sein muß, da der Lackvolumenstrom konstant bleibt. Die Strahlverengung ist mit dem geringeren Einfluß der Hornluft (Verhältnis ZL/HL nimmt zu) auf den Spritzstrahl zu erklären. Auch der Profilexponent nimmt ab, das Profil bleibt aber flach ($n > 2$). Die Betrachtung der Profilflächen zeigt, daß eine Zunahme des Zerstäubungsluftvolumenstroms von 40 % eine Zunahme der Fläche von 5 % bringt. Obwohl die durch die ZL-Erhöhung bewirkte feinere Zerstäubung einen negativen Einfluß auf den Wirkungsgrad hat, wird dieser Einfluß durch die gleichzeitige Impulszunahme der Tropfen (die Tropfengeschwindigkeit nimmt zu) sowie die Verengung des Spritzstrahls (der Winkel zwischen Strahlachse und Impulsrichtung wird kleiner) kompensiert und der Wirkungsgrad erhöht.

- Hornluftvolumenstrom (HL)

Eine Zunahme des Hornluftvolumenstroms bewirkt das Gegenteil der ZL-Zunahme. Die Profilbreite nimmt mit höherer Hornluft zu. Daraus folgt eine Abnahme der maximalen Schichtdicke. Die Flächenbetrachtung zeigt einen negativen Einfluß des Hornluftvolumenstroms auf den Auftragswirkungsgrad. Im vorliegenden Fall führt eine HL-Zunahme von 60 % zu einem um 22 % schlechteren Wirkungsgrad. Die durch die Hornluftzunahme verursachte Strahlaufweitung verringert den, in Strahlachse wirksamen Tropfenimpuls, der ohnehin durch die zerstäubende Wirkung der Hornluft gering ist. Der Profilexponent bleibt bei der Hornluftvariation, ausgehend vom Standard 3, konstant (n = 6).

- Spritzabstand (s)

Die Variation des Spritzabstandes hat die gleiche Wirkung auf die Spritzbildmerkmale und den Wirkungsgrad wie eine Hornluftvariation. Allerdings bleibt die Zerstäubung (mittlerer Tropfendurchmesser), abgesehen von der Durchmesserabnahme bei größerem Spritzabstand durch die Lösemittelverdunstung, konstant. Bei den vorliegenden Parametereinstellungen ist ein um 20 % höherer Spritzabstand mit einer Abnahme des Auftragswirkungsgrades um 12 % verbunden. Die Wirkungsgradabnahme ist mit dem niedrigeren Tropfenimpuls durch eine mit dem Spritzabstand abnehmende Tropfengeschwindigkeit und einem zunehmenden Einfluß von Querströmungen zu erklären. Der Profilexponent bleibt auch bei der Spritzabstandsvariation konstant.

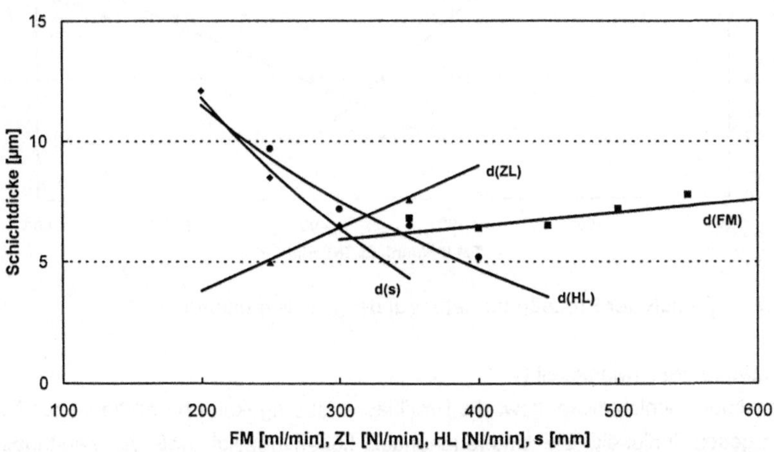

Bild 4.5: Einfluß der Prozeßparameter auf die maximale Profilschichtdicke d

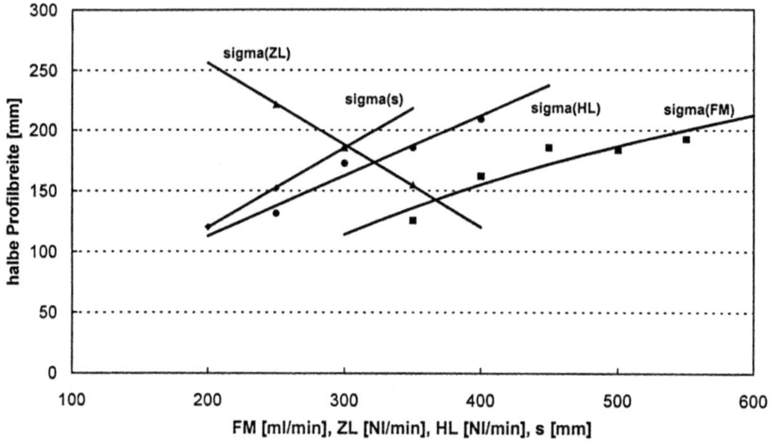

Bild 4.6: Einfluß der Prozeßparameter auf die Profilbreite sigma

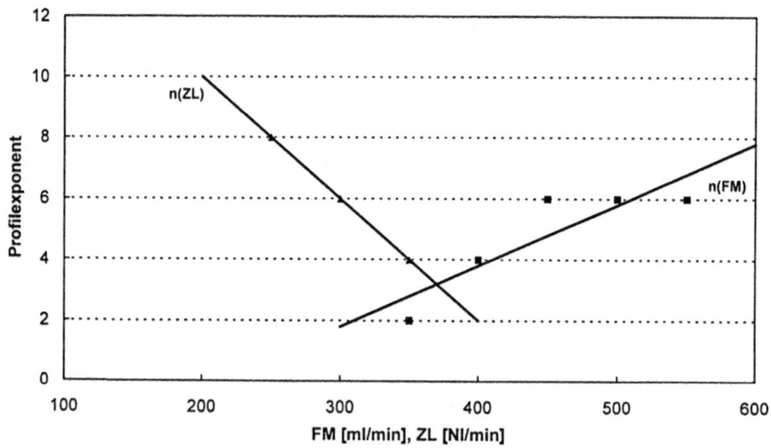

Bild 4.7: Einfluß der Prozeßparameter auf den Profilexponenten n

- Zerstäubergeschwindigkeit (v)

Die maximale Schichtdicke, bzw. die Profilfläche ist umgekehrt proportional zur Zerstäubergeschwindigkeit. Die Untersuchungen haben gezeigt, daß die Zerstäubergeschwindigkeit im untersuchten Bereich keinen Einfluß auf die Profilbreite und den

Profilexponenten hat. Diese Zusammenhänge gelten unabhängig von der gewählten Parametereinstellung.

Statistische Versuchsplanung

Bei der Auswertung der hier erzielten Ergebnisse besteht die Schwierigkeit darin, daß durch den Einsatz der statistischen Versuchsplanung nur zwei Stufen für eine Parametervariation vorliegen. Eindeutige Zusammenhänge lassen sich nur beim Auftragswirkungsgrad erkennen. Diese stimmen mit den Aussagen der oberen Abschnitte überein. Die Änderung der Helligkeit und des daraus berechneten Flops weist keine eindeutigen Tendenzen auf. Die a- und b-Werte müssen konstant bleiben (die Schwankungen der Meßwerte bewegen sich im Bereich der Meßungenauigkeit), da mit einem unbunten Lack gearbeitet wurde, der keine parameterabhängigen Farbtonabweichungen aufweisen darf. Die a- und b-Werte werden trotzdem trainiert, da das neuronale Netz auch diese Eigenschaft des Lackmaterials nachbilden muß.

4.3.2 Zusammenhang zwischen statischen und dynamischen Spritzbildern

Die Berechnung von Schichtdickenverteilungen erfolgt hauptsächlich ausgehend von Merkmalen dynamischer Spritzbilder. Es gibt aber auch Ansätze, die Berechnung auf der Basis statischer Spritzbilder durchzuführen, da das statische Spritzbild mehr Informationen, z.B. über die Symmetrie bez. beider Spritzbildachsen, enthält.

In diesem Kapitel soll deshalb die Frage geklärt werden, wie aus dem statischen Spritzbild Merkmale eines dynamischen Spritzbildes, d.h. die Profilfläche, -breite und -exponent zu bestimmen sind. Der hier entwickelte Ansatz wird experimentell verifiziert.

Die Profilfläche des dynamischen Spritzbildes ergibt sich als:

$$F_{dyn} = \frac{V_{stat} \cdot v_b}{v \cdot b} \qquad (4.2)$$

Die Gleichung 4.2 stellt den Zusammenhang zwischen Merkmalen des statischen und dynamischen Spritzbildes her. Das darin enthaltene abgeschiedene Lackvolumen des statischen Spritzbildes V_{stat} kann aus der Schichtdickenmessung bestimmt werden. Hierbei wird das statische Spritzbild mit einer Vielzahl von Meßbahnen vermessen. Das abgeschiedene Lackvolumen wird durch das Aufsummieren der einzelnen Volumina, die durch die Grundfläche und die zugehörige mittlere Lackschichtdicke gegeben sind, bestimmt (Bild 4.8). Die Blendengeschwindigkeit v_b und die Blendenbreite b sind durch die Versuchsdurchführung definiert. Die Zerstäubergeschwindigkeit v stellt die Vorgabe dar.

Für die Berechnung des Schichtdickenprofils des dynamischen Spritzbildes nach Gleichung 3.1 sind außer der Profilfläche noch die beiden Merkmale Profilbreite σ und Profilexponent n erforderlich. Diese Merkmale sind im wesentlichen von der Einstellung der Zerstäuberparameter (FM, ZL, HL) und des Spritzabstandes s abhängig, aber nur geringfügig von der Zerstäubergeschwindigkeit (Bild 4.9) oder der Spritzzeit bei der Erstellung des statischen Spritzbildes (diese Aussage gilt nur unter der Läufergrenze des Lackmaterials). Daher können diese Merkmale aus dem Schichtdicken-Mittelprofil des statischen Spritzbildes übernommen werden.

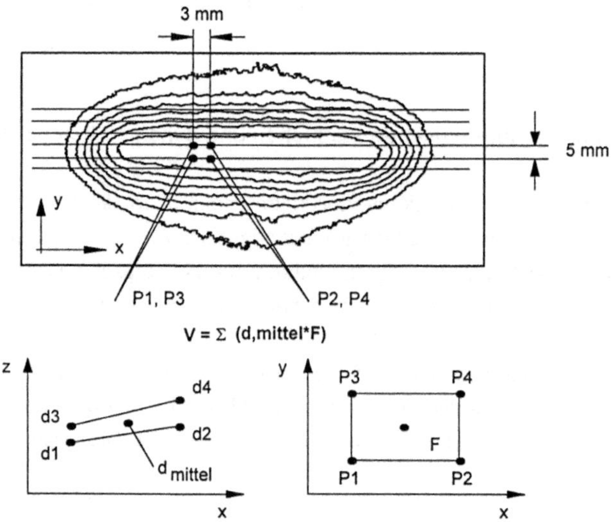

Bild 4.8: Schichtdickenvermessung statischer Spritzbilder, Berechnung des abgeschiedenen Lackvolumens

Die experimentelle Verifikation des Zusammenhangs nach Gleichung 4.2 ist im Bild 4.10 exemplarisch dargestellt. Das Schichtdickenprofil des dynamischen Spritzbildes wurde mit den Meßwerten aus dem statischen Versuch berechnet. Es wird dem Schichtdickenprofil (bzw. dessen Merkmalen) gegenübergestellt, welches aus einem dynamischen Versuch ermittelt wurde. Die Übereinstimmung ist sehr gut, die Abweichungen beruhen auf nicht vermeidbaren Ungenauigkeiten bei der Versuchsdurchführung und Schichtdickenmessung (vgl. Kapitel 9).

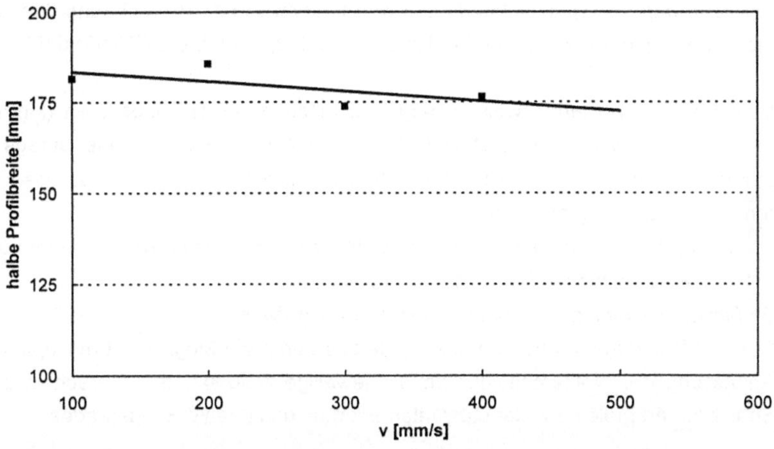

Bild 4.9: Abhängigkeit der Profilbreite von der Zerstäubergeschwindigkeit

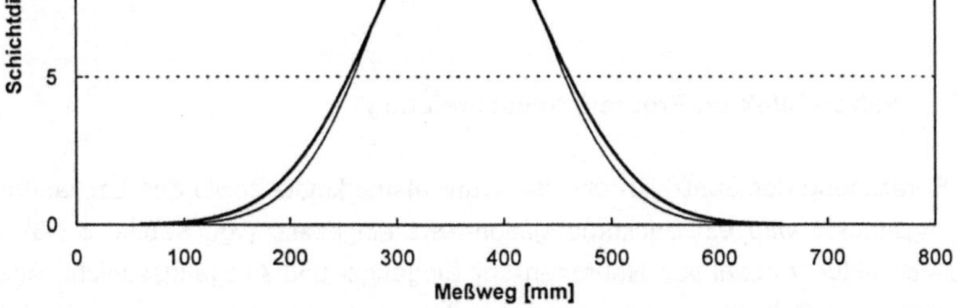

Bild 4.10: Vergleich des experimentell bestimmten dynamischen Schichtdickenprofils mit dem aus statischem Versuch berechneten Profil

5 Entwicklung eines neuronalen Netzes zur Berechnung der Spritzbild- und Qualitätsmerkmale beim pneumatischen Spritzlackieren

Die Berechnung der Spritzbildmerkmale wird bewußt von der Berechnung des Lackauftragswirkungsgrades und der Qualitätsmerkmale getrennt. Die Gründe dafür sind:

- Verschiedene Vorgehensweisen bei der Ermittlung der Trainingsdaten (Methode der Standardeinstellungen, statistische Versuchsplanung) und eine daraus folgende unterschiedliche Anzahl der Daten. Die gewählten Vorgehensweisen sollten auf ihre Eignung hin untersucht werden.
- Die Spritzbildmerkmale können nicht nur mit dem neuronalen Netz, sondern auch mit dem Regressionsverfahren berechnet werden.
- Einfacheres Training mit einem geringeren Zeitaufwand.
- Bessere Konvergenz des neuronalen Netzes durch die Möglichkeit der optimalen Anpassung der Netzarchitektur an die jeweilige Aufgabe, d.h. Berechnung der Spritzbildmerkmale bzw. der Qualitätsmerkmale und des Wirkungsgrades.

Das neuronale Netz ist so programmiert, daß Änderungen der Netzarchitektur über das Programmenue erfolgen können. Das Programm ist mit Hilfe des Borland C++ Compilers (Version 3.1) geschrieben und mit einer Microsoft-Windows-Oberfläche ausgestattet. Es besteht aus fünf Dateien, die zum Projekt NETZ compiliert und gelinkt werden. Die Dateien setzen sich aus zwei Header-Dateien mit Typdefinitionen und Funktionsprototypen (netz.h und netz_d.h), einer Datei mit dem Programmtext für die Windowsoberfläche (netz_w.cpp), einer Datei für die mathematischen Berechnungen (netz_c.cpp) und einer Ressourcen-Datei für die Benutzeroberfläche (netz.rc) zusammen.

5.1 Netzarchitektur, Programmbeschreibung

Zur Berechnung der Spritzbild- und der Qualitätsmerkmale sowie des Lackauftragswirkungsgrades wird ein Backpropagation-Netz eingesetzt (vgl. Kapitel 3.3.3). Die Netzarchitektur (Anzahl von Neuronen der Eingangs- und Ausgangsschicht, Anzahl der verdeckten Schichten) wird entsprechend der Aufgabenstellung angepaßt. Tabelle 5.1 zeigt die mit dem programmierten Backpropagation-Netz realisierbaren Netzarchitekturen. Die allgemeine Form der Netzarchitektur für die Berechnung der Spritzbildmerkmale ist im Bild 5.1 dargestellt.

Schicht	Netz zur Berechnung der Spritzbildmerkmale	Netz zur Berechnung des AWG und der Qualitätsmerkmale
Eingangsschicht	5 Neuronen Parameter: FM, ZL, HL, s, v	8 Neuronen Parameter: FM, ZL, HL, s, v, a, T, φ
verdeckte Schicht	1 - 3 Schichten mit beliebig vielen Neuronen	1 - 3 Schichten mit beliebig vielen Neuronen
Ausgangsschicht	3 Neuronen Merkmale: F, σ, n	11 Neuronen Merkmale: AWG, L, a, b, Flop

Tabelle 5.1: Übersicht der mit dem programmierten neuronalen Netz realisierbaren Architekturen

Das Programm hat zwei unterschiedliche Funktionsmodi: einen Trainingsmodus zur Anpassung des Netzes an ein vorgegebenes Problem sowie einen Recallmodus, in welchem Berechnungen der Spritzbild- und Qualitätsmerkmale nach erfolgtem Training durchgeführt werden. Die Anwendung dieser beiden Programmfunktionen erfordert eine Angabe der Anzahl der Neuronen der Ein- und Ausgangsschicht entsprechend der Anzahl der Prozeßparameter und der zu berechnenden Merkmale.

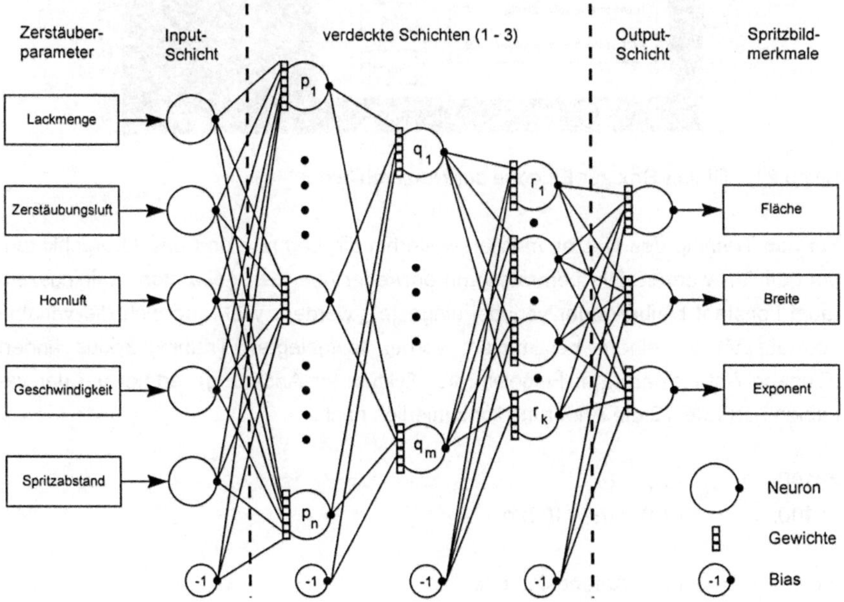

Bild 5.1: Backpropagation-Netz zur Berechnung der Spritzbildmerkmale

Anschließend wird die übrige Netztopologie definiert, d.h. die Anzahl der verdeckten Schichten und Neuronen je verdeckte Schicht, die k-Faktoren für die sigmoide Transfer-Funktion der verdeckten Schichten, die Transferfunktion der Ausgangsschicht sowie die Vernetzung der Ein- und Ausgangsschicht. Diese Eingaben erfolgen über eine Dialog-Box, welche nach Auswahl jedes der beiden Funktionsmodi aufgerufen wird (Bild 5.2).

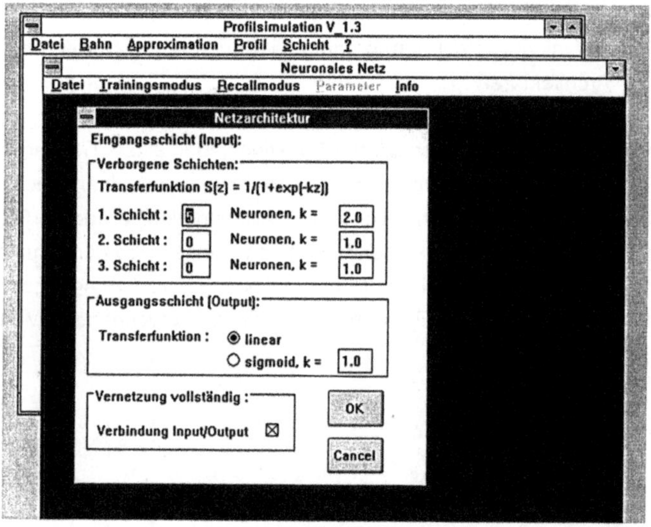

Bild 5.2: Dialog-Box zur Eingabe der Netzarchitektur

Für das Training des Netzes müssen weiterhin die Lernrate und das Abbruchkriterium definiert werden. Die Lernrate kann entweder über den gesamten Trainingszeitraum konstant bleiben oder variabel eingestellt werden. Während sich die variable Lernrate V1 zu einem bestimmten, vorher festgelegten Trainingszyklus ändert (Eingabe Anfangslernrate, Folgelernrate, Zyklus der Änderung), erfolgt bei der variablen Lernrate V2 die Änderung kontinuierlich nach:

$n<100$: $\alpha(n) = \alpha_1$

$n>100$: $\alpha(n) = (\alpha_1 \cdot 100)/n$

mit α_1: Anfangslernrate

n: Anzahl der Trainingszyklen

Gestartet wird das Training über den Menüpunkt „Start Training“ durch die Wahl des Abbruchkriteriums. Bei einem Training ohne Abbruchkriterium wird die vorher eingegebene Anzahl von Trainingszyklen vollständig abgearbeitet und die Gewichtsparameter, die zum niedrigsten SFQ-Wert geführt haben in der Datei *tlresult.txt* abgespeichert. Bei einem Training mit Abbruchkriterium wird über eine Endlosschleife solange trainiert, bis ein Abbruchkriterium, z.B. das Erreichen einer bestimmten Anzahl von Trainingszyklen oder das Unterschreiten eines vorher festgelegten Grenzwertes für den SFQ-Wert, erfüllt ist. Die Trainingsmuster werden aus der Datei *trainset.txt* automatisch eingelesen.

Die Funktion „TContinue“ dient der Fortsetzung eines schon begonnenen Trainings. Aus der Datei *tcontinue.txt* werden die Netztopologie und die in einem früheren Training adaptierten Gewichte eingelesen. Die Lernrate und Art des Trainings müssen ganz normal eingegeben werden.

Der Ablauf des Trainingsvorgangs ist in den Bildern 5.3, 5.4 und 5.5 dargestellt (vgl. dazu Kapitel 3.3.3). Nach dem Start des Trainings mit Angabe der Netzarchitektur, der Lernrate und der Anzahl der Trainingszyklen, bzw. durch die Wahl des Abbruchkriteriums werden die Anfangsgewichte mit einer Zufallsfunktion generiert. Anschliessend werden die Trainingsdaten eingelesen und der SFQ-Startwert über alle Trainingsmuster berechnet. Nun beginnt das eigentliche Netztraining. Hierbei werden zunächst in einer inneren Schleife über alle Trainingsmuster des Trainingsdatensatzes und dann in einer äußeren Schleife über alle Trainingszyklen die Netzausgabe berechnet (Bild 5.4), der Fehler ermittelt (Fehlerrückpropagierung) und die Gewichte geändert (Bild 5.5) sowie der SFQ-Wert berechnet. Ist der SFQ-Wert kleiner als das bisher ermittelte Minimum, wird der aktuelle SFQ-Wert als neues Minimum definiert und die hierbei gültigen Gewichte gespeichert. Das Trainingsende ist erreicht, wenn alle Trainingszyklen abgearbeitet sind oder ein vorher definiertes Abbruchkriterium erfüllt ist.

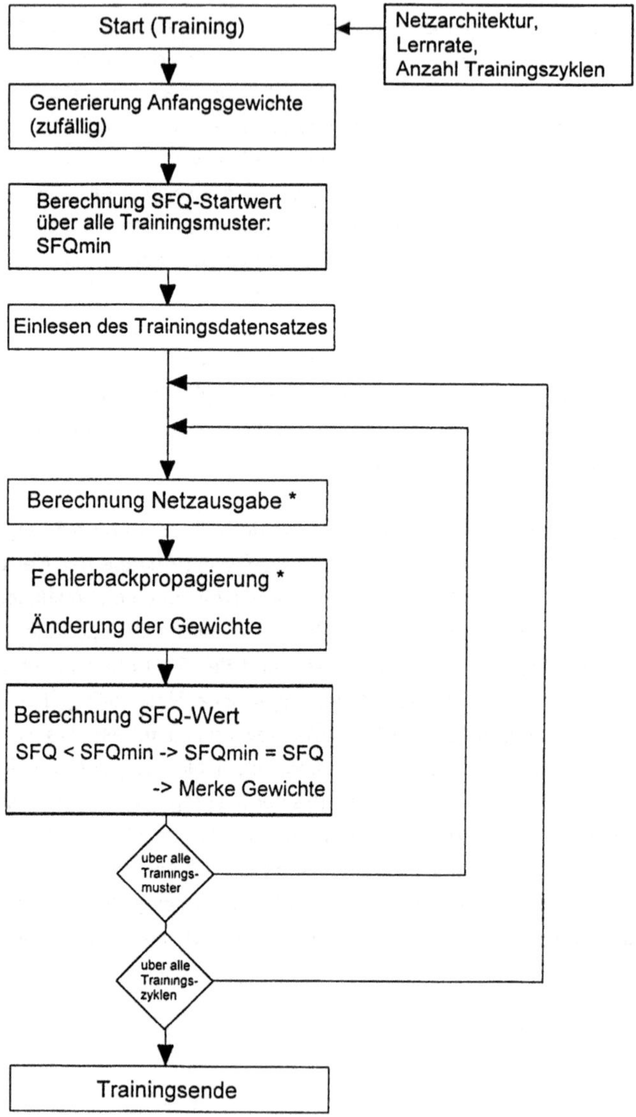

Bild 5.3: Flußdiagramm des Trainingsvorgangs (mit Stern gekennzeichnete Schritte sind in den Bildern 5.6 und 5.7 genauer dargestellt)

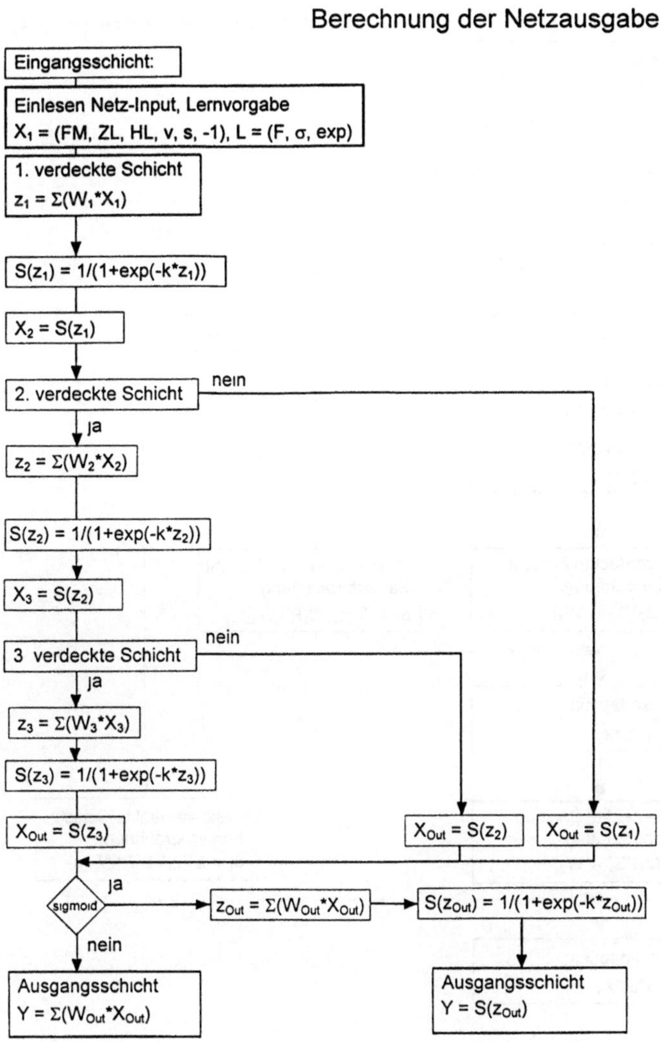

Bild 5.4: Flußdiagramm zur Berechnung der Netzausgabe

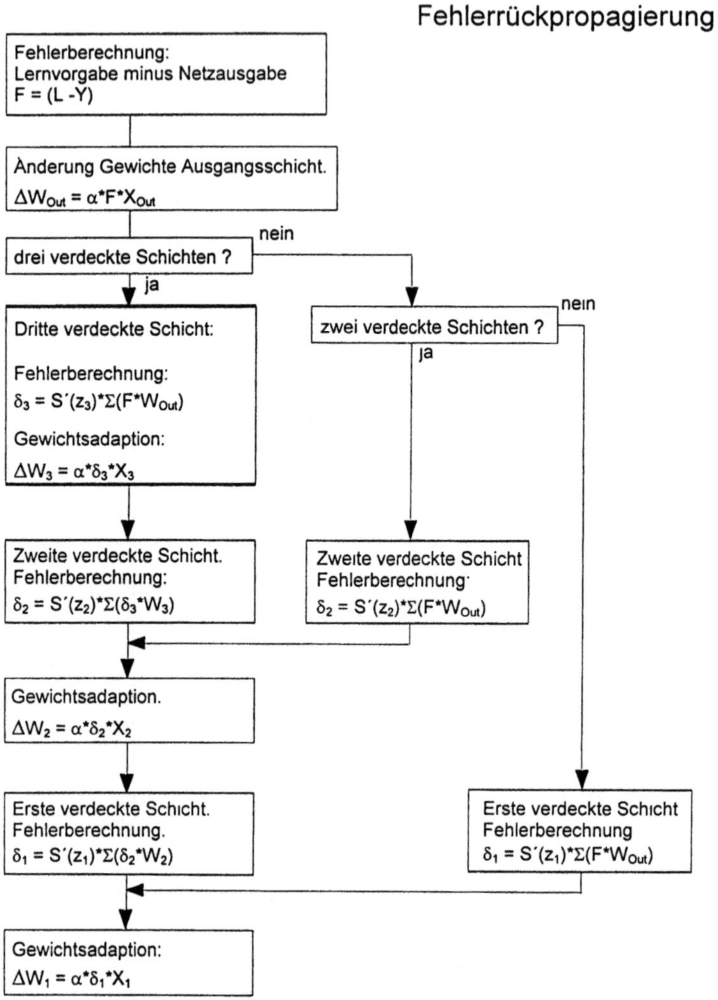

Bild 5.5: Flußdiagramm zur Fehlerrückpropagierung

Im Recall-Modus werden mit dem trainierten Netz Berechnungen durchgeführt. Mit dem Menüpunkt „Recallmodus" erfolgt die Auswahl der dazu notwendigen Funktionen. Die Funktion „RecallFile" erstellt automatisch die Datei *recfile.txt*, in die die Netzparameter geschrieben werden. Anschließend müssen die Gewichte, mit welchen der Recall erfolgen soll, nach der letzten Eintragung in die Datei kopiert werden. Mit der Funktion „Start Recall" beginnt die Berechnung. Das Netz liest aus der Datei *recfile.txt* die Netzarchitektur und die Gewichte ein. Aus der Datei *recdat.txt* werden die Eingangs- bzw. Prozeßparameter der zu berechnenden Spritzbild- und Qualitätsmerkmale eingelesen. Die Ausgabe der Merkmale erfolgt in der Datei *rlresult.txt*.

Die Datei *recdat.txt* mit den Prozeßparametern wird in dem, das Netz verwaltenden Programm vor dem Netzaufruf erstellt. Nach der Berechnung können dort auch die Daten aus der Datei *rlresult.txt* ausgegeben werden.

Die im Programm verwendete Transferfunktion ist eine sigmoide Funktion (vgl. Kapitel 3.3.3). Sigmoide Funktionen haben die Eigenschaft, ihre Eingangswerte auf das Intervall [0...1] abzubilden. Dies bedeutet, daß die Netzausgabewerte der Trainingsmuster auf diesen Bereich abgebildet werden müssen. Die Ausgabewerte aller Trainingsmuster werden jeweils auf das Intervall [0,05...0,95] transformiert. Die Umrechnung erfolgt wie folgt:

Skalierung SK: $SK = (0{,}95 - 0{,}05)/(X_{max} - X_{min})$
Offset OS: $OS = 0{,}05 - SK \cdot X_{min}$
Skalierter Wert X_{sk}: $X_{sk} = X \cdot SK + OS$

Die im Recall-Modus erzeugte Netzausgabe erfolgt ebenfalls transformiert und muß wieder mit der Rücktransformation

Wert X: $X = X_{min} + (X_{sk} - 0{,}05)/SK$

in reale Werte zurückgerechnet werden. Tabelle 5.2 enthalt alle für die Transformationen erforderlichen Faktoren.

Größe/Merkmal	X_{min}	X_{max}	SK	OS
Fläche F [µm mm]	600	6200	0,00016	-0,05
Sigma σ [mm]	35	200	0,00545	-0,1409
Exponent n[[1]	2	10	0,1125	-0,175
AWG [%]	56,0	78,1	0,040072	-2,230543
L25 [1]	98,72	104,71	0,150238	-14,781558
L45 [1]	70,81	74,18	0,266588	-18,826140
L70 [1]	49,57	52,44	0,313542	-15,490481
a25 [1]	-0,327	-0,494	5,405405	2,717568
a45 [1]	-0,462	-0,655	4,675325	3,11
a70 [1]	-0,539	-0,874	2,682563	2,394560
b25 [1]	0,405	0,835	2,090592	-0,795645
b45 [1]	-0,193	-0,455	3,435115	1,612977
b70 [1]	-0,249	-0,605	2,531646	1,580380
Flop [1]	47,05	53,84	0,132567	-6,187494
Geschw. [mm/s]	520	1300	0,001154	-0,55

Tabelle 5.2: Faktoren für die Datentransformationen

5.2 Netztraining

Beim Netztraining wurden für beide Netze unterschiedliche Netzarchitekturen hinsichtlich ihrer Konvergenz (minimaler SFQ-Wert) untersucht. Tabelle 5.3 zeigt eine Übersicht der Netzarchitekturen, Tabelle 5.4 faßt die erzielten Ergebnisse zusammen.

Das Trainieren des Netzes erfolgte in mehreren Schritten mit einer unterschiedlichen Anzahl von Trainingszyklen je Schritt. Auf diese Weise konnte die Lernrate entsprechend dem Wert für SFQ_{min} angepaßt werden. Die bei jedem Trainingsschritt berechneten Gewichte für SFQ_{min} werden in die Datei *ergebi.txt* mit i = 1,2, ..., n geschrieben. Die Datei enthält außerdem die Architektur, die Lernrate, die Anzahl der Trainingszyklen und den Wert für SFQ_{min} sowie den zugehörenden Trainingszyklus. Für den nächsten Trainingsschritt werden die Gewichte in die Datei *tcontinue.txt* kopiert. Aus dieser Datei werden sie durch Ausführen der Funktion „Trainingsmodus/TContinue“ übernommen.

Architektur	Anzahl verdeckter Schichten	Anzahl Neuronen/Schicht	Verbindung Input-/Outputschicht
Netz zur Berechnung der Spritzbildmerkmale (Gain-Faktor: 2)			
A1	1	5-5-3	ja
B1	1	5-5-3	nein
C1	1	5-12-3	ja
D1	2	5-5-4-3	ja
E1	3	5-6-5-4-3	ja
F1	3	5-5-4-3-3	ja
G1	3	5-9-7-5-3	ja
Netz zur Berechnung des AWG und der Qualitätsmerkmale (Gain-Faktor: 1)			
A2	1	8-5-11	ja
B2	1	8-7-11	ja
C2	2	8-3-3-11	ja
D2	3	8-2-3-3-11	ja

Tabelle 5.3: Untersuchte Netzarchitekturen

Architektur	Trainingszyklen	SFQ_{min} bei Trainingszyklus	Lernrate α/ab Trainingszyklus
Netz zur Berechnung der Spritzbildmerkmale			
A1	149 000	0,112961/149 000	α_1=0,1 α_2=0,05/70 000
B1	149 000	0,110170/149 000	α_1=0,2 α_2=0,1/47 000
C1	135 500	0,093326/135 000	α_1=0,1 α_2=0,05/51 000
D1	95 000	0,052602/95 000	α_1=0,2 α_2=0,1/60 000 α_3=0,05/90 000
E1	45 000	0,555030/44 933	α_1=0,2 α_2=0,1/30 000 α_3=0,05/40 000
F1	10 000	0,560264/9 989	α_1=0,5 α_2=0,1/1 000 α_3=0,1/2 000
G1	19 000	0,555025/16 266	α_1=0,5 α_2=0,1/1 000 α_3=0,05/7 000
Netz zur Berechnung des AWG und der Qualitätsmerkmale			
A2	62 500	0,047640/62 500	α_1=0,1 α_2=0,05/15 000 α_3=0,01/32 500
B2	30 000	0,000491/30 000	α_1=0,1 α_2=0,01/15 000
C2	62 500	0,155783/62 500	α_1=0,1 α_2=0,05/7 500 α_3=0,01/15 000
D2	107 500	2,115824/107 500	α_1=0,1 α_2=0,05/55 000 α_3=0,01/77 500

Tabelle 5.4: Trainingsparameter und -ergebnisse

Der Trainingsabbruch erfolgte, als sich der SFQ-Wert nicht mehr wesentlich verandert hat oder wieder angestiegen ist.

Das neuronale Netz wurde mit zwei unterschiedlichen Datensätzen trainiert. Die Tabellen 5.5 und 5.6 enthalten die Parametereinstellungen und die experimentellen Ergebnisse der Trainings- und der Kontrollmuster. Die Kontrollmuster dienen der Überprüfung des Netzes hinsichtlich seiner Fähigkeit, zu verallgemeinern. Die experimentelle Ermittlung der Daten wird in den Kapiteln 4.1.1 und 4.1.2 detailliert beschrieben.

5.3 Berechnungen, Verifikation der Ergebnisse

Der beim Netztraining ermittelte SFQ-Wert und sein Verlauf während des Trainings zeigen, wie gut sich das Netz an die gestellte Aufgabe angepaßt hat. Bezüglich der zu erwartenden Genauigkeit beim Einsatz des Netzes lassen sich mit dem SFQ-Wert allein keine Aussagen machen. Daher wird das trainierte Netz sowohl mit den Prozeßparametern der Trainingsmuster als auch mit separaten, nicht eintrainierten Prozeßparametern, den sog. Kontrollmustern, getestet. Hierzu werden Berechnungen mit dem Netz durchgeführt und die Ergebnisse mit experimentellen Daten verglichen. Die Berechnungen erfolgen mit allen Architekturen (vgl. Tabelle 5.3).

Für das Netz zur Berechnung der Spritzbildmerkmale wurden aufgrund der systematischen Versuchsdurchführung (Kapitel 4.1.1) zwei Arten von Kontrollmustern verwendet. Die in Tabelle 5.5 enthaltenen Kontrollmuster unterscheiden sich von den Trainingsmustern durch die Änderung eines bestimmten Prozeßparameters, alle anderen Parameter haben den Wert der jeweiligen Standardeinstellung. Zusätzlich wurde das Netz mit Kontrollmustern überprüft, bei welchen mehrere Prozeßparameter gegenüber der Standardeinstellung verändert wurden.

Das Netz zur Berechnung des AWG und der Qualitätsmerkmale wurde mit Kontrollmustern getestet, bei den nahezu alle Prozeßparameter von den eintrainierten Mustern abweichen (Tabelle 5.6). Dies beruht auf der Ermittlung der Daten mittels statistischer Versuchsplanung (Kapitel 4.1.2).

Die Bewertung der Netzergebnisse erfolgt durch die Bestimmung der prozentualen Fehler fY aller Netz-Ausgangsgrößen Y, bezogen auf die entsprechenden experimentellen Daten. Aus den prozentualen Fehlern wird der mittlere Fehler fY_{mittel} und die Standardabweichung sY, aufgeschlüsselt nach Trainings- und Kontrollmustern, ermittelt.

Versuchs-bez.	FM [ml/min]	ZL [Nl/min]	HL [Nl/min]	v [m/s]	s [m]	Fläche F [µm*mm]	Sigma σ [mm]	Exp. n [1]
Standard 1	300	250	200	0,3	0,3	1381	63,3	2
1_fm350	350	250	200	0,3	0,3	1546	71,4	2
1_fm400	400	250	200	0,3	0,3	1846	95,4	4
1_fm450	450	250	200	0,3	0,3	2162	104,4	4
1_zl150	300	150	200	0,3	0,3	1138	128,6	4
1_zl200	300	200	200	0,3	0,3	1267	82,4	2
1_zl300	300	300	200	0,3	0,3	1452	52,0	2
1_hl150	300	250	150	0,3	0,3	1574	45,7	2
1_hl250	300	250	250	0,3	0,3	1134	86,7	2
1_hl300	300	250	300	0,3	0,3	951	103,1	2
1_v01	300	250	200	0,1	0,3	4639	68,1	2
1_v02	300	250	200	0,2	0,3	2146	65,3	2
1_v04	300	250	200	0,4	0,3	993	60,9	2
1_s200	300	250	200	0,3	0,2	1701	47,3	2
1_s250	300	250	200	0,3	0,25	1475	55,2	2
Standard 2	400	280	260	0,2	0,3	2444	122,0	4
2_fm300	300	280	260	0,2	0,3	1735	74,8	2
2_fm350	350	280	260	0,2	0,3	2058	98,5	2
2_fm450	450	280	260	0,2	0,3	2857	139,2	4/6
2_fm500	500	280	260	0,2	0,3	3252	149,3	6
2_zl200	400	200	260	0,2	0,3	2156	181,5	8
2_zl240	400	240	260	0,2	0,3	2371	156,8	6
2_zl320	400	320	260	0,2	0,3	2714	93,6	2
2_hl200	400	280	200	0,2	0,3	2874	95,1	4
2_hl220	400	280	220	0,2	0,3	2689	100,8	4
2_hl280	400	280	280	0,2	0,3	2378	134,0	4
2_hl300	400	280	300	0,2	0,3	2202	154,5	6
2_v03	400	280	260	0,3	0,3	1447	128,0	4/6
2_v04	400	280	260	0,4	0,3	943	117,1	4
2_s200	400	280	260	0,2	0,2	3087	92,9	4
2_s250	400	280	260	0,2	0,25	2734	111,0	4
Standard 3	450	300	350	0,2	0,3	2623	166,6	6
3_fm350	350	300	350	0,2	0,3	1718	120,2	2
3_fm400	400	300	350	0,2	0,3	2589	161,9	4
3_fm500	500	300	350	0,2	0,3	3316	183,6	6
3_fm550	550	300	350	0,2	0,3	3173	191,5	6
3_zl250	450	250	350	0,2	0,3	2372	176,1	6
3_zl350	450	350	350	0,2	0,3	2392	166,4	6
3_hl250	450	300	250	0,2	0,3	2606	166,3	6
3_hl300	450	300	300	0,2	0,3	3128	172,5	6
3_hl400	450	300	400	0,2	0,3	2344	173,8	6
3_v01	450	300	350	0,1	0,3	5523	172,5	6
3_v03	450	300	350	0,3	0,3	1900	173,8	4/6
3_v04	450	300	350	0,4	0,3	1016	169,2	6
3_s200	450	300	350	0,2	0,2	3092	123,2	4
3_s250	450	300	350	0,2	0,25	3234	152,1	4/6

Tabelle 5.5: Parametereinstellungen und experimentelle Ergebnisse der Trainingsmuster (weiß) und der Kontrollmuster K1 (grau unterlegt) für das Netz zur Berechnung der Spritzbildmerkmale

Eingangsparameter								Ausgangsparameter										
Versuchs-bez.	FM [ml/min]	ZL [Nl/min]	HL [Nl/min]	s [mm]	v [mm/s]	a [mm]	T / φ [°C] / [%]	AWG [%]	L25 [1]	L45 [1]	L70 [1]	a25 [1]	a45 [1]	a70 [1]	b25 [1]	b45 [1]	b70 [1]	Flop [1]
0	300	200	250	200	700	135	22/80	75,5	101,4	72,3	51,3	-0,426	-0,587	-0,752	0,569	-0,345	-0,391	50,10
A	450	200	250	200	1100	135	22/80	77,2	103,2	72,8	50,9	-0,494	-0,618	-0,755	0,605	-0,358	-0,368	52,33
B	300	300	250	200	700	135	22/80	78,1	98,84	71,2	51,7	-0,440	-0,532	-0,586	0,643	-0,268	-0,337	47,05
C	300	200	350	200	630	135	22/80	66,7	103,8	71,9	50,0	-0,455	-0,571	-0,677	0,668	-0,290	-0,309	53,84
D	300	200	250	300	520	135	22/80	61,8	104,7	74,1	52,4	-0,486	-0,497	-0,539	0,835	-0,193	-0,255	52,28
E	300	200	250	200	890	100	22/80	75	102,8	71,9	51,1	-0,411	-0,513	-0,593	0,795	-0,234	-0,249	51,72
F	300	200	250	200	920	135	23/60	75,8	101,1	71,8	50,2	-0,327	-0,462	-0,737	0,812	-0,228	-0,394	50,92
f	450	300	350	300	1040	100	22/80	60,5	102,4	71,9	50,9	-0,453	-0,578	-0,694	0,766	-0,225	-0,271	51,52
e	450	300	350	300	770	135	23/60	59,5	102,0	72,1	50,3	-0,424	-0,655	-0,861	0,516	-0,449	-0,530	51,66
d	450	300	350	200	1300	100	23/60	72,7	98,72	70,8	50,8	-0,407	-0,563	-0,791	0,409	-0,446	-0,605	47,90
c	450	300	250	300	1180	100	23/60	68,5	98,80	71,3	51,2	-0,443	-0,643	-0,861	0,518	-0,356	-0,403	47,53
b	450	200	350	300	900	100	23/60	56	101,7	71,7	50,1	-0,400	-0,617	-0,874	0,405	-0,455	-0,487	51,61
a	300	300	350	300	700	100	23/60	59	102,5	71,3	49,5	-0,412	-0,607	-0,680	0,659	-0,348	-0,336	52,98
1	450	300	350	300	1100	100	23/60	60,2	100,8	71,4	50,1	-0,362	-0,543	-0,770	0,705	-0,277	-0,340	50,72
WL	450	230	310	300	1000	100	22/80	61,6	102,6	71,8	50,7	-0,373	-0,482	-0,611	0,690	-0,241	-0,281	51,91
M1	400	280	270	300	1000	135	23/60	67,5	100,4	71,9	50,6	-0,351	-0,476	-0,694	0,682	-0,277	-0,420	49,72
M2	500	240	300	300	1300	135	23/60	63,8	101,4	71,2	49,5	-0,410	-0,585	-0,737	0,733	-0,263	-0,275	51,84
M3	400	300	220	300	1050	100	23/60	71,9	98,05	70,4	51,1	-0,447	-0,542	-0,656	0,690	-0,239	-0,304	46,92
M4	400	280	260	200	1100	100	23/60	79,4	103,1	72,8	51,5	-0,438	-0,563	-0,656	0,664	-0,353	-0,376	51,63

Tabelle 5.6: Parametereinstellungen und experimentelle Ergebnisse der Trainingsmuster (weiß) und der Kontrollmuster (grau unterlegt) für das Netz zur Berechnung des AWG und der Qualitätsmerkmale

5.3.1 Spritzbildmerkmale

Die Kontrollmuster K2 (Tabelle 5.7) unterscheiden sich, wie bereits erwähnt, durch die Änderung von mindestens zwei Parametern gegenüber der entsprechenden Standardeinstellung. Zum Teil wurden die Werte der geänderten Parameter innerhalb des trainierten Parameterfensters, z.T. außerhalb festgelegt. Tabelle 5.8 zeigt die ermittelten prozentualen, mittleren Fehler fY_{mittel} und die Standardabweichungen sY der Netzausgabe, bezogen auf die experimentellen Daten für alle untersuchten Architekturen. Neben einer Gesamtbewertung der Fehler und der Standardabweichungen enthält die Tabelle 5.8 die Ergebnisse der Berechnungen für die Prozeßparameter der Trainingsmuster sowie für die Prozeßparameter der Kontrollmuster K1 und K2. Damit ist eine bessere Übersicht über das Verhalten der einzelnen Architekturen gegeben.

Kontroll-muster	**FM** [ml/min]	**ZL** [Nl/min]	**HL** [Nl/min]	**v** [m/s]	**s** [m]	**Fläche F** [μm*mm]	**Sigma σ** [mm]	**Exp. n** [1]
K2_1	500	300	300	0,4	0,3	1853	162	6
K2_2	350	275	300	0,2	0,3	2384	137,4	2/4
K2_3	300	200	150	0,2	0,3	2713	61,8	2
K2_4	450	250	200	0,2	0,25	4029	98,3	4
K2_5	500	250	350	0,3	0,3	2153	219	6/8
K2_6	300	200	300	0,2	0,25	2843	126,2	2
K2_7	350	200	300	0,3	0,25	1671	131,9	4
K2_8	500	350	200	0,2	0,25	4846	59,9	2
K2_9	325	285	225	0,15	0,22	3954	57,3	2
K2_10	475	375	285	0,25	0,27	3177	83,5	2

Tabelle 5.7: Parametereinstellungen und experimentelle Ergebnisse der Kontrollmuster K2

Das Spritzbildmerkmal Profilfläche wird von den einfacheren Architekturen (A1, B1, C1) mit guter Genauigkeit berechnet. Dies gilt vor allem für die Trainings- und Kontrollmuster K1. Die Kontrollmuster K2 werden etwas schlechter wiedergegeben. Es fällt auf, daß die komplexeren Netzarchitekturen mit zwei, bzw. drei verdeckten Schichten (D1, E1, F1, G1) in der Genauigkeit deutlich abfallen. Die insgesamt besten Ergebnisse bei der Berechnung der Profilfläche liefert die Netzarchitektur C1. Diese Architektur weist eine verdeckte Schicht mit einer hohen Anzahl von 12 Neuronen auf. Die mit ihr ermittelte Standardabweichung über alle Muster beträgt 7 % und liegt damit im Bereich der Meßgenauigkeit.

Merkmal: Profilfläche	Trainingsmuster		Kontrollmuster K1		Kontrollmuster K2		Gesamt	
Architektur	f_{mittel} [%]	s [%]	f_{mittel} [%]	s [%]	f_{mittel} [%]	s [%]	f_{mittel} [%]	s [%]
A1	8,03	7,94	5,6	4,18	15,47	10,18	8,57	8,06
B1	10,35	7,64	7,14	5,76	19,48	11,39	10,95	8,85
C1	7,74	7,45	6,05	4,77	12,61	7,61	8,07	6,99
D1	8,90	8,76	7,34	7,69	22,73	21,41	10,87	12,75
E1	20,44	17,33	10,34	9,41	14,88	10,72	16,20	14,64
F1	21,32	18,60	9,85	9,20	15,88	11,69	16,66	15,64
G1	20,44	17,33	10,34	9,41	14,88	10,72	16,20	14,64
Merkmal: Profilbreite	**Trainingsmuster**		**Kontrollmuster K1**		**Kontrollmuster K2**		**Gesamt**	
Architektur	f_{mittel} [%]	s [%]	f_{mittel} [%]	s [%]	f_{mittel} [%]	s [%]	f_{mittel} [%]	s [%]
A1	5,53	6,11	5,95	5,44	28,96	30,35	9,85	16,10
B1	6,26	5,77	5,63	4,15	8,12	6,48	6,39	5,41
C1	5,80	6,18	6,58	6,61	27,34	29,99	9,9	15,71
D1	4,36	5,24	9,19	22,07	58,45	85,81	15,57	42,19
E1	9,62	6,69	7,31	5,75	10,54	6,6	9,04	6,39
F1	9,84	6,90	7,45	5,84	10,37	6,25	9,17	6,46
G1	9,62	6,69	7,31	5,75	10,45	6,6	9,04	6,39
Merkmal: Profilexp.	**Trainingsmuster**		**Kontrollmuster K1**		**Kontrollmuster K2**		**Gesamt**	
Architektur	f_{mittel} [%]	s [%]	f_{mittel} [%]	s [%]	f_{mittel} [%]	s [%]	f_{mittel} [%]	s [%]
A1	7,14	21	20,37	38,16	28,33	41,61	15,18	31,98
B1	7,74	21,98	12,96	32,62	25,0	42,49	12,50	30,03
C1	3,57	10,50	25,93	42,09	33,33	66,67	16,07	38,66
D1	3,57	10,5	11,11	47,14	82,50	86,64	20,09	53,32
E1	14,58	28,29	14,81	32,78	50,0	47,14	20,98	35,71
F1	12,20	23,18	16,67	32,84	40,0	45,95	18,60	32,37
G1	14,58	28,29	14,81	32,78	50,0	47,14	20,98	35,71

Tabelle 5.8: Mittelwerte und Standardabweichungen der prozentualen Fehler der Netzausgabe bezogen auf die experimentellen Daten

Das Spritzbildmerkmal Profilbreite der Trainings- und Kontrollmuster K1 wird von allen Architekturen mit guter Genauigkeit berechnet. Schwierigkeiten bestehen bei der Berechnung der Kontrollmuster K2, bei welchen mehrere Prozeßparameter von den Werten der entsprechenden Standardeinstellungen abweichen, mit den Architekturen A1, C1 und D1. Die komplexeren Architekturen E1, F1 und G1 geben die

Kontrollmuster K2 dagegen mit guter Genauigkeit wieder. Das insgesamt beste Ergebnis bei der Berechnung der Profilbreite liefert die Architektur B1.

Beim Betrachten der mittleren Fehler und Standardabweichungen für das Spritzbildmerkmal Profilexponent könnte durch die relativ hohen Werte der Eindruck einer schlechten Wiedergabe entstehen. Die Werte sind jedoch anders zu interpretieren als bei den beiden vorangegangenen Spritzbildmerkmalen. Für den Profilexponenten kommen nur gerade Zahlen in Betracht (vgl. Kapitel 3.1.1). Die Berechnung eines Exponenten n = 4 statt n = 2 führt zu einem Fehler von 100 %. Dieser Fehler kann, vor allem bei Flachstrahlen auch bei der experimentellen Ermittlung entstehen. Es kommt häufiger vor, daß ein experimentell ermitteltes Schichtdickenprofil mit dem Exponenten n = 2 am besten angepaßt werden kann, während die Versuchswiederholung einen Exponenten n = 4 liefert. Für die Genauigkeit der Profilanpassung, ausgedrückt z. B. durch das Kriterium Fehlfläche (vgl. Kapitel 8.4.1) ist dies jedoch unerheblich. Bei höheren Exponenten wird der bei der Profilanpassung entstehende Fehler noch deutlich geringer. Somit sind die in Tabelle 5.8 enthaltenen mittleren Fehler und Standardabweichungen als gut zu bezeichnen. Der beste Wert wird mit der Architektur B1 erreicht. Auch hier zeigt sich der negative Einfluß einer komplexen Netzarchitektur auf die Ergebnisse.

Das insgesamt beste Ergebnis bei der Wiedergabe aller Spritzbildmerkmale über alle Muster wird mit der Netzarchitektur B1 erzielt. Der mittlere Fehler liegt bei ca. 10 %, die Standardabweichung beträgt ca. 15 %. Der mittlere Fehler und die Standardabweichungen über alle Muster für alle Netzarchitekturen sind in den Bildern 5.6 bis 5.8 dargestellt.

Bild 5.9 zeigt die zu erwartende Ungenauigkeit (Fehlerbandbreite) bei der Profilberechnung mit Architektur B1 anhand eines Schichtdickenprofils. Die Bilder 5.10 und 5.11 zeigen zwei Extrembeispiele für die Berechnung der Spritzbildmerkmale für zwei Prozeßparametersätze der Kontrollmuster K2 mit Netzarchitektur B1. Die berechneten Profile werden mit experimentell ermittelten Profilen verglichen. Für weiterführende Fehlerbetrachtungen wird auf Kapitel 9 verwiesen.

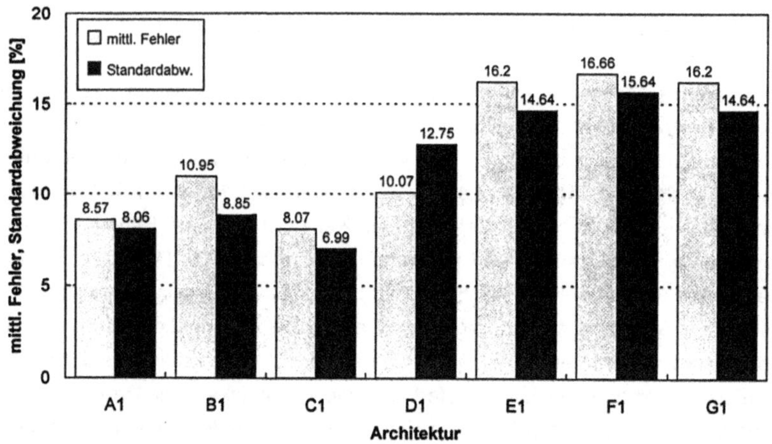

Bild 5.6: Der mittlere Fehler und die Standardabweichung aller Muster für die Profilfläche in Abhängigkeit der Netzarchitektur

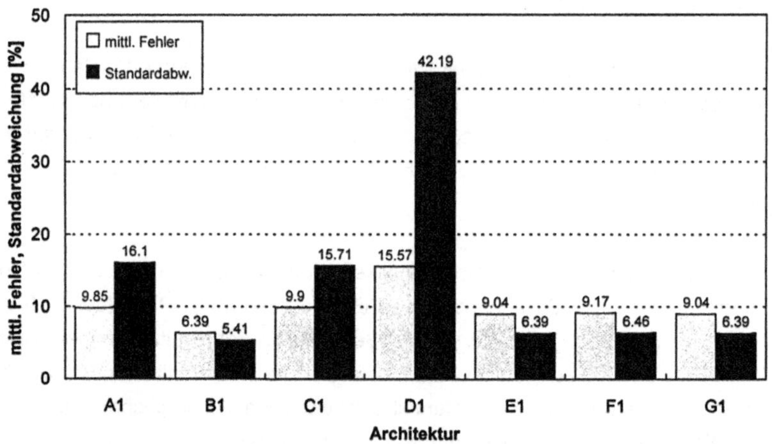

Bild 5.7: Der mittlere Fehler und die Standardabweichung aller Muster für die Profilbreite in Abhängigkeit der Netzarchitektur

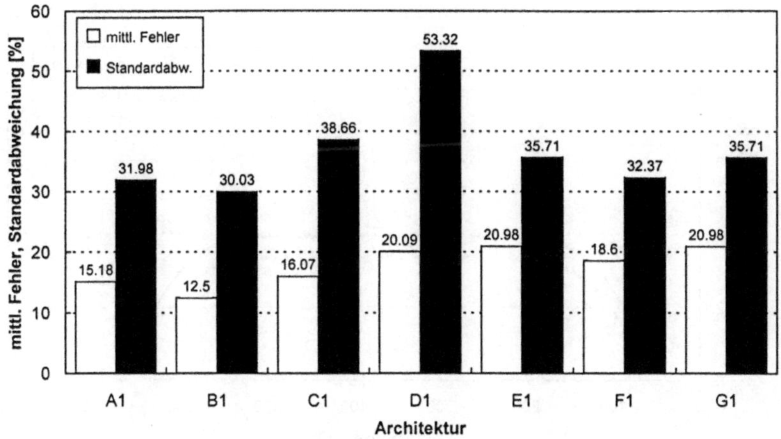

Bild 5.8: Der mittlere Fehler und die Standardabweichung aller Muster für den Profilexponenten in Abhängigkeit der Netzarchitektur

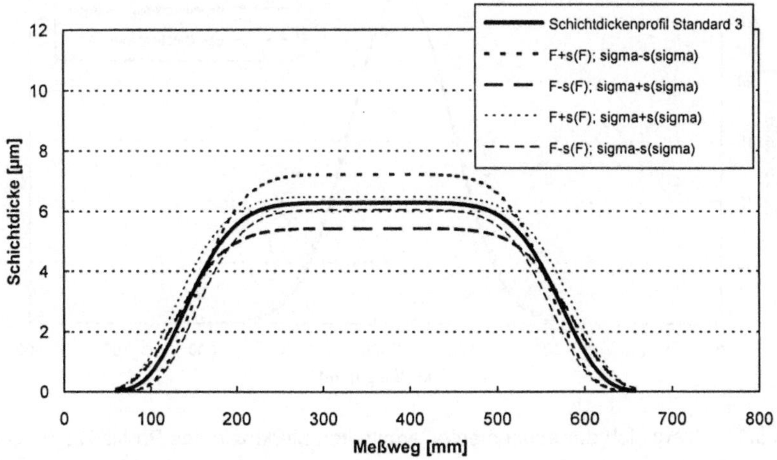

Bild 5.9: Fehlerbandbreite bei der Profılberechnung mit Netzarchitektur B1 bezogen auf die Merkmale der Standardeinstellung 3

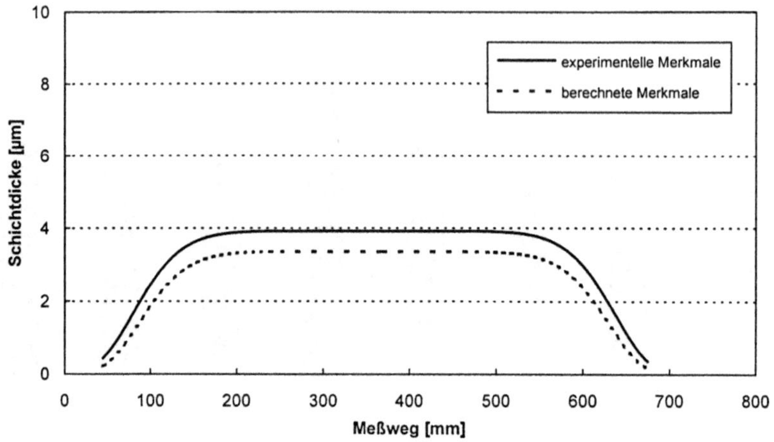

Bild 5.10: Vergleich der experimentell ermittelten Merkmale des Profils K2_5 mit der Netzberechnung

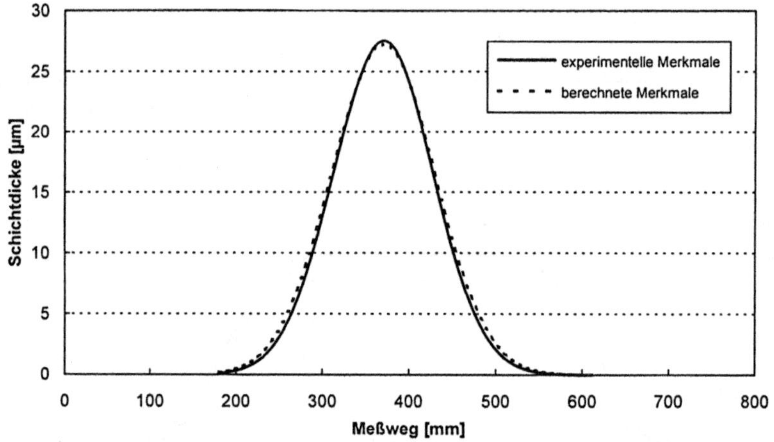

Bild 5.11: Vergleich der experimentell ermittelten Merkmale des Profils K2_9 mit der Netzberechnung

5.3.2 Auftragswirkungsgrad und Qualitätsmerkmale

Die Bewertung der Netzergebnisse bei der Berechnung des AWG und der Qualitätsmerkmale erfolgt analog zu der im Kapitel 5.3.1 beschriebenen Vorgehensweise anhand der Mittelwerte und der Standardabweichungen der prozentualen Fehler, bezogen auf die experimentellen Daten (Tabelle 5.9). Das Netz wurde sowohl mit den Trainings- wie auch mit speziellen Kontrollmustern getestet. Das Ziel bei der Ermittlung der experimentellen Daten war es, mit einer möglichst geringen Anzahl von Beschichtungsversuchen auszukommen. Daher stehen trotz einer höheren Anzahl von Prozeßparametern und Merkmalen deutlich weniger Trainings- und Kontrollmuster zur Verfügung (vgl. Tabelle 5.6).

Die Ergebnisse der Netzberechnungen zeigen, daß der AWG und die Qualitätsmerkmale von der Netzarchitektur D2 insgesamt am besten wiedergegeben werden. Dies gilt vor allem für die Berechnung der nicht trainierten Kontrollmuster. Die hierbei erzielte Standardabweichung von 5,2 % kann als sehr niedrig bezeichnet werden. Die Architektur A2 liefert insgesamt betrachtet zwar nahezu gleiche Werte, ist aber bei der Wiedergabe der Kontrollmuster deutlich schlechter.

Der Vergleich der untersuchten Netzarchitekturen (Tabelle 5.3) ergibt interessante Informationen über das Verhalten des neuronalen Netzes. Wie bereits erwähnt, kann der beim Training berechnete SFQ-Wert nicht allein als Kriterium für die Qualität der Anpassung des Netzes an die gestellte Aufgabe verwendet werden. Der SFQ-Wert sagt lediglich aus, wie gut die Trainingsmuster angepaßt wurden. Über die Fähigkeit zu verallgemeinern, lassen sich noch keine gesicherten Aussagen machen. Daher ist es wichtig, das Netz auch mit nicht trainierten Kontrollmustern zu testen.

Die Architekturen A2 und B2 erreichen im Vergleich zu D2 einen sehr niedrigen SFQ-Wert (Tabelle 5.4) und geben die Trainingsmuster sehr gut wieder, sind aber bei der Anpassung der Kontrollmuster deutlich schlechter. Einer der Gründe für einen höheren SFQ-Wert von D2 liegt jedoch auch in einer komplexeren Netzarchitektur mit mehreren verdeckten Schichten. Diesen Zusammenhang erkennt man auch am SFQ-Wert der Architektur C2, die im Vergleich zu D2 eine verdeckte Schicht weniger aufweist.

Beim Vergleich der Netzarchitekturen zur Berechnung der Spritzbildmerkmale (5 Eingangs- und 3 Ausgangsgrößen) mit den Architekturen zur Berechnung des AWG und der Qualitätsmerkmale (8 Eingangs- und 11 Ausgangsgrößen) fällt auf, daß bei der geringeren Anzahl der Netzparameter die einfacheren Netze die besseren Ergebnisse geliefert haben, während bei einer höheren Anzahl von Netzparametern die Netze mit mehreren Schichten Vorteile erbringen.

Merkmal	**Architektur A2**		**Architektur B2**		**Architektur C2**		**Architektur D2**	
	f_{mittel} [%]	s [%]	f_{mittel} [%]	s [%]	f_{mittel} [%]	s [%]	f_{mittel} [%]	s [%]
Trainingsmuster								
AWG	0,16	0,11	0,02	0,02	0,61	0,48	0,43	0,29
L25	0,03	0,02	0,01	0,01	0,74	0,49	0,64	0,43
L45	0,04	0,04	0,01	0,01	0,32	0,23	0,35	0,21
L70	0,13	0,1	0,02	0,02	1,44	0,52	0,58	0,56
a25	0,6	0,49	0,11	0,1	3,67	3,18	5,42	2,89
a45	0,49	0,38	0,09	0,08	7,22	4,45	5,43	3,1
a70	1,48	1,07	0,09	0,15	5,66	4,29	4,76	4,2
b25	0,99	0,91	0,18	0,17	6,3	3,51	9,36	6,05
b45	1,49	1,3	0,24	0,32	6,06	6,75	9,56	6,55
b70	0,82	0,92	0,24	0,22	14,56	8,52	9,19	5,38
Flop	0,07	0,06	0,03	0,03	2,80	1,47	1,62	1,07
Kontrollmuster								
AWG	1,1	0,7	2,1	1,8	1,5	0,8	1,4	0,8
L25	1,3	0,7	1,9	1,3	1,6	1,0	2,2	1,1
L45	1,6	0,8	1,4	0,9	1,8	0,8	2,1	0,8
L70	1,4	0,9	1,5	1,2	1,8	0,8	1,1	0,8
a25	12,4	4,1	14,1	5,9	12,0	9,3	10,1	9,1
a45	18,6	9,2	18,7	9,0	11,0	11,8	10,3	6,7
a70	24,7	10,1	24,2	12,1	9,9	9,8	9,4	4,3
b25	15,0	14,6	26,4	31,6	17,1	7,1	17,2	7,6
b45	30,9	17,4	41,9	45,7	25,8	8,7	19,7	11,0
b70	34,5	18,4	49,0	47,4	39,7	23,5	18,2	12,9
Flop	2,1	1,3	3,8	3,6	2,8	2,1	3,4	2,4

Tabelle 5.9: Mittelwerte und Standardabweichungen der prozentualen Fehler der Netzausgabe bezogen auf die experimentellen Daten

Die beschriebenen Zusammenhänge sind lediglich empirischer Natur. Derzeit ist kein Verfahren bekannt, mit dem für eine definierte Problemstellung eine geeignete Netzarchitektur konzipiert werden könnte.

Die nachfolgenden Diagramme (Bild 5.12 und 5.13) zeigen zwei Beispiele für die Berechnung des AWG und der Qualitätsmerkmale mit der Architektur D2. Die Ergebnisse sind aufgrund ihrer Maßstabsunverträglichkeit normiert. Hierbei werden die experimentell ermittelten Werte (SOLL-Werte) gleich 1 gesetzt, der vom Netz berechnete Wert (IST-Wert) wird durch den Quotienten IST/SOLL wiedergegeben.

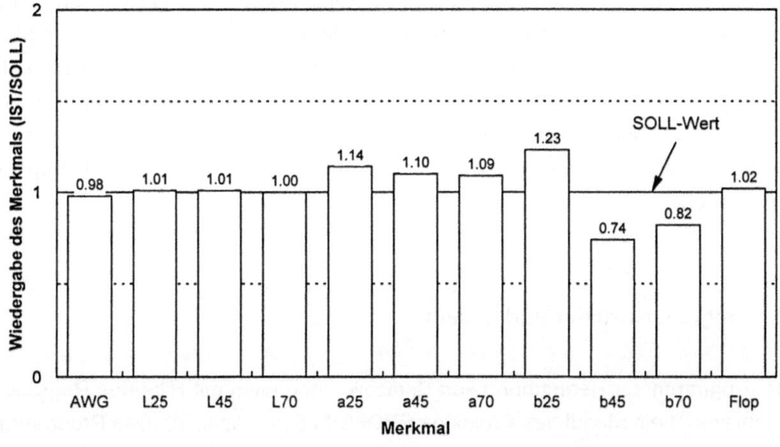

Bild 5.12: Wiedergabe des Kontrollmusters M1 mit der Architektur D2

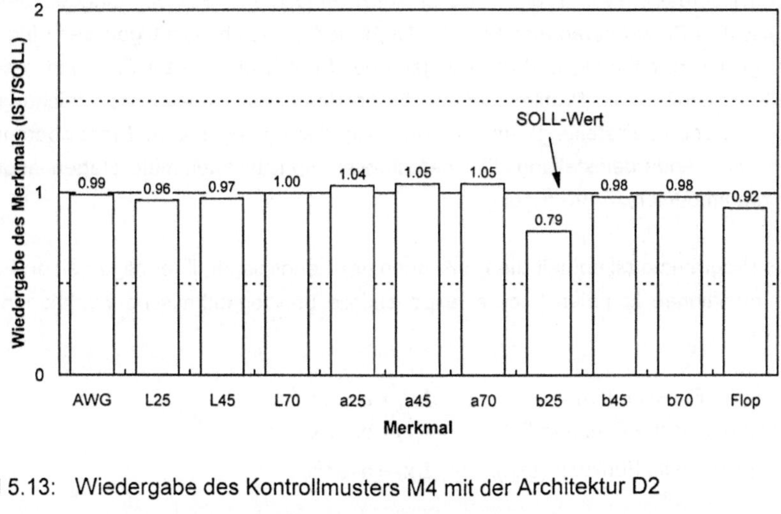

Bild 5.13: Wiedergabe des Kontrollmusters M4 mit der Architektur D2

6 Regressionsverfahren zur Berechnung von Spritzbildmerkmalen

Die Grundlagen des Regressionsverfahrens sind im Kapitel 3.2 beschrieben. Die experimentelle Ermittlung der Kennlinien sowie die Definitionen der Standardeinstellungen und Variationsbereiche der Prozeßparameter sind im Kapitel 4.1.1 enthalten. Die Diskussion der Ergebnisse erfolgt im Kapitel 4.3.1. Die tabellarische Zusammenstellung der Parametereinstellungen und der ermittelten Spritzbildmerkmale sind in Tabelle 5.5 (Kapitel 5.2) enthalten, da die Ergebnisse der experimentellen Untersuchungen auch als Trainings- und Kontrollmuster für das neuronale Netz verwendet wurden. Das Programmodul zur Ermittlung der Spritzbildmerkmale aus den dynamischen Spritzbildern und zur Approximation der Versuchsdaten wird im Kapitel 8.4 beschrieben.

6.1 Programmstruktur und -ablauf

Das Programm zur Berechnung von Spritzbildmerkmalen mit Hilfe des Regressionsverfahrens ist ein Modul des Projektes PROFSIM (vgl. Kapitel 8). Das Programmodul besteht aus einer Header-Datei mit Typdefinitionen und Funktionsprototypen (profreg.h) und aus der Datei mit dem Programmtext (profreg.c). Der Aufruf des Programmoduls erfolgt aus dem Hauptprogramm PROFSIM mit dem Menüpunkt „Profil/Regressionsverfahren...". Es erscheint eine Dialog-Box zur Eingabe der gewünschten Prozeßparameter FM, ZL, HL, s und v. Durch Bestätigen der Eingaben erfolgt die Berechnung und die Ausgabe der Spritzbildmerkmale F, σ und n sowie weiterer Größen wie Profilmaximum, für die Berechnung relevantes Gleichungssystem (Standardeinstellung) und Abweichung der eingegebenen Prozeßparameter von der Standardeinstellung. Die berechneten Spritzbildmerkmale stehen anderen Programmodulen zur Verfügung.

Das Programmodul enthält die Funktionen der Kennlinien in ihrer allgemeinen Form. Als Funktionen kommen lineare, exponentielle und logarithmische Funktionen der Form:

- lineare Funktion (lin): $f(x) = a \cdot x + b$
- logarithmische Funktion (ln): $f(x) = a \cdot \ln(x) + b$
- exponentielle Funktion (exp): $f(x) = a \cdot e^{b \cdot x}$

zum Einsatz. Die Funktionen beschreiben die Abhängigkeit der Spritzbildmerkmale von den Prozeßparametern, ausgehend von drei Standardeinstellungen. Die Funktionsparameter und -typen werden automatisch aus der Datei *funreg.txt* beim Aufruf des Programms geladen. Somit ist die Flexibilität des Programms bzgl. Lackmaterial, Zerstäubertyp usw. gegeben. Die Funktionsparameter und -typen für die Versuchsbedingungen dieser Arbeit (Tabelle 4.4, Kapitel 4.2.2) sind mit dem Bestimmtheitsmaß q, das die Qualität der Anpassung angibt, in Tabelle 6.1 zusammengefaßt. Der Programmablauf ist im Bild 6.1 dargestellt.

Für die Berechnung der Spritzbildmerkmale ist die Bestimmung des relevanten Gleichungssystems mit den entsprechenden Kennlinien und die Bestimmung der relevanten Kennlinie von Bedeutung. Dazu wird die Summe der quadratischen Abstände der eingegebenen Prozeßparameter von den drei Standardeinstellungen berechnet. Der Prozeßparameter mit dem größten Abstand zu einem Standardwert wird hierbei nicht berücksichtigt, da er bei der nachfolgenden Berechnung der Spritzbildmerkmale als relevante Variable in die entsprechenden Kennlinien eingesetzt wird. Das relevante Gleichungssystem für die Berechnung der Spritzbildmerkmale ist jenes, dessen Standardeinstellung den kleinsten quadratischen Abstand zu den eingegebenen Prozeßparametern hat.

Nach Ermittlung des Gleichungssystems und der relevanten Variablen (des relevanten Prozeßparameters) werden nacheinander die Spritzbildmerkmale Profilmaximum (bzw. Profilfläche), Profilbreite und Profilexponent berechnet. Der Algorithmus ist wie folgt aufgebaut (Gleichungssystem 3.5):

- Berechnung des Spritzbildmerkmals aus der Kennlinie der relevanten Variablen (Prozeßparameter)
- Berücksichtigung der prozentualen Beiträge der übrigen Prozeßparameter. Diese werden aus den Kennlinien berechnet und auf den Wert der Standardeinstellung bezogen. Die Beiträge werden unter Berücksichtigung des Vorzeichens aufsummiert.
- Das aus der Kennlinie berechnete Spritzbildmerkmal wird mit der Summe der Beiträge der übrigen Prozeßparameter multipliziert.

Bei den Untersuchungen hat sich gezeigt, daß der Prozeßparameter Zerstäubergeschwindigkeit nur das Spritzbildmerkmal Profilmaximum (bzw. Profilfläche) umgekehrt proportional beeinflußt, nicht aber die Merkmale Profilbreite und Profilexponent.

Der Einfluß der Zerstäubergeschwindigkeit wird daher mit dem Geschwindigkeitsfaktor $v_{Standard}/v$ berücksichtigt.

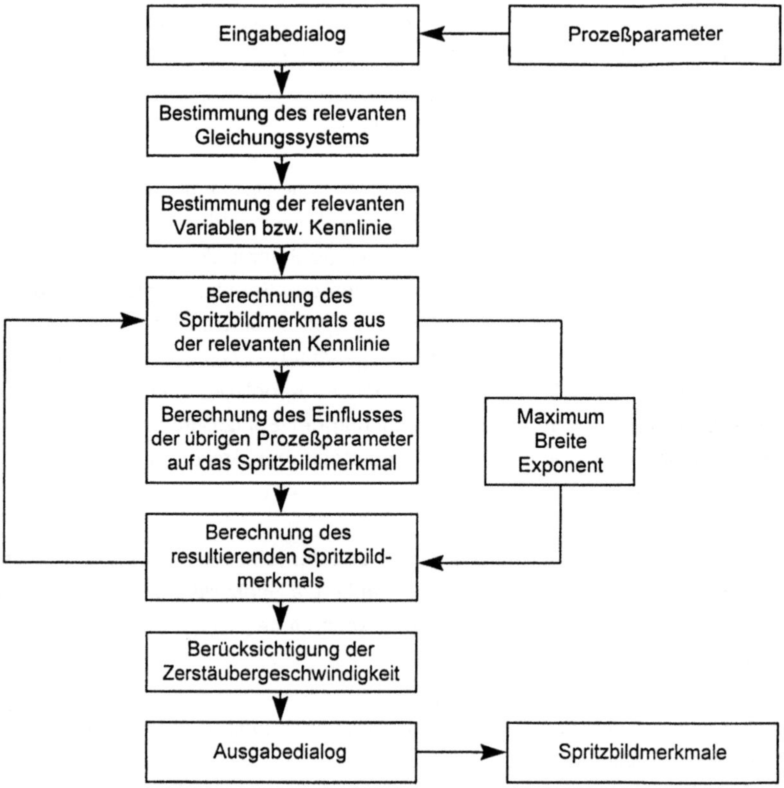

Bild 6.1: Programmablauf zur Berechnung der Spritzbildmerkmale mit dem Regressionsverfahren

Merkmal/Prozeßparameter	Funktionstyp	a	b	q
		Standard 1		
d_{max}/FM	lin	0,0002	8,6	0,98
d_{max}/ZL	lin	0,0506	-3,96	1,0
d_{max}/HL	ln	14,74	87,17	0,97
d_{max}/s	lin	-0,057	25,52	0,98
σ/FM	ln	87,2	-431,82	0,85
σ/ZL	ln	-110,3	675,73	0,92
σ/HL	lin	0,3906	-13,21	0,99
σ/s	lin	0,16	15,27	1,0
n/FM	lin	0,016	-3,0	0,72
n/ZL	lin	-0,012	5,2	0,64
n/HL	lin	0,0	2,0	1,0
n/s	lin	0,0	2,0	1,0
		Standard 2		
d_{max}/FM	ln	-1,17	15,5	0,9
d_{max}/ZL	exp	0,98	0,0077	0,97
d_{max}/HL	lin	-0,0624	24,4	0,99
d_{max}/s	lin	-0,053	23,65	0,97
σ/FM	ln	153,08	-797,17	0,92
σ/ZL	lin	-0,7437	332,0	0,98
σ/HL	exp	35,14	0,0048	0,97
σ/s	lin	0,29	36,17	0,99
n/FM	lin	0,24	-5,6	0,75
n/ZL	lin	-0,05	18,0	1,0
n/HL	exp	2,166	0,0028	0,7
n/s	lin	0,0	4,0	1,0
		Standard 3		
d_{max}/FM	lin	0,0056	4,24	0,91
d_{max}/ZL	lin	0,026	-1,4	0,99
d_{max}/HL	ln	-9,82	63,54	0,96
d_{max}/s	ln	-13,41	82,87	0,99
σ/FM	ln	142,4	-698,24	0,9
σ/ZL	lin	-0,68	392,0	0,99
σ/HL	lin	0,4966	13,53	0,92
σ/s	lin	0,653	-10,51	1,0
n/FM	lin	0,02	-4,2	0,73
n/ZL	lin	-0,04	18	1,0
n/HL	lin	0,0	6,0	1,0
n/s	lin	0,0	6,0	1,0

Tabelle 6.1: Zusammenstellung der Funktionsparameter

6.2 Berechnungen, Ergebnisse

Die Überprüfung des Regressionsverfahrens hinsichtlich der Genauigkeit bei der Vorausberechnung der Spritzbildmerkmale erfolgt analog zu der im Kapitel 5.3.1 beschriebenen Vorgehensweise. Die Berechnungen werden sowohl für die Einstellungen der Prozeßparameter, die zur Ermittlung der Kennlinien verwendet wurden (diese Parameter entsprechen den Trainings- und Kontrollmustern K1, vgl. Tabelle 5.5) als auch für die Parameterwerte der Kontrollmuster K2 (Tabelle 5.7) durchgeführt. Die Ergebnisse werden durch Vergleich mit den experimentell ermittelten Daten bewertet.

Bei der Entwicklung des Regressionsverfahrens wurde statt des Spritzbildmerkmals Profilfläche das Merkmal maximale Profilschichtdicke d_{max} verwendet. Wie bereits ausgeführt, sind diese beiden Merkmale über einen einfachen mathematischen Zusammenhang miteinander verknüpft (vgl. Kapitel 4.3.1, Gleichung 4.1). Das Merkmal d_{max} wird in der nachfolgenden Bewertung des Regressionsverfahrens weiterhin verwendet. Der bei der Berechnung der Profilschichtdicke entstehende Fehler entspricht dem Fehler, der sich ergeben würde, wenn das Regressionsverfahren mit dem Spritzbildmerkmal Profilfläche arbeiten würde. Somit sind die prozentualen Fehler des Regressionsverfahrens direkt mit denjenigen des neuronalen Netzes vergleichbar (Kapitel 7). Eine Umrechnung von d_{max} in Profilfläche F nach Gleichung 4.4 ist an dieser Stelle jedoch unzulässig, da die Profilbreite σ, weil ebenfalls mit dem Regressionsverfahren bestimmt, fehlerbehaftet ist, so daß der Fehler für die Profilfläche zu hoch ausfallen würde.

Tabelle 6.2 faßt die prozentualen, mittleren Fehler und die Standardabweichungen für die Spritzbildmerkmale zusammen.

Spritzbildmerkmal	Parameterwerte der Kennlinien		Kontrollmuster K2		Gesamt	
	f_{mittel} [%]	s [%]	f_{mittel} [%]	s [%]	f_{mittel} [%]	s [%]
Profilmaximum	7,70	8,32	18,76	13,71	9,67	10,28
Profilbreite	6,61	5,72	8,92	10,0	7,02	6,63
Profilexponent	10,14	26,35	30,0	48,30	13,69	31,76

Tabelle 6.2: Mittelwerte und Standardabweichungen der prozentualen Fehler der Berechnungen mit dem Regressionsverfahren bezogen auf die experimentellen Daten

Erwartungsgemäß gibt das Regressionsverfahren die Spritzbildmerkmale für die Parametereinstellungen der Kennlinien mit guter Genauigkeit wieder. Dies gilt grundsätzlich für alle Einstellungen, bei welchen sich nur ein Parameterwert von den Einstellungen der Kennlinien unterscheidet und alle anderen Parameter den Wert der Standardeinstellungen annehmen.

Weichen dagegen die Werte mehrerer Prozeßparameter von der entsprechenden Standardeinstellung ab (wie dies bei den Kontrollmustern K2 der Fall ist), nehmen die mittleren Fehler und Standardabweichungen deutlich zu. Dabei ist der Fehler um so größer, je höher die Anzahl der von der Standardeinstellung abweichenden Parameter und je höher die Abweichungen selbst sind.

Um die zu erwartende Genauigkeit bei Simulationsberechnungen mit dem Regressionsverfahren abzuschätzen, wurde anhand der Testberechnungen ein Kriterium entwickelt und in die Software des Regressionsverfahrens implementiert. Das Genauigkeitskriterium basiert auf der Bildung der prozentualen Summe der einzelnen Parameterabweichungen zum jeweiligen Standard (Gleichung 6.1).

$$S = \sqrt{\sum_{i=1}^{n} \left(\frac{P_i - STW_i}{STW_i}\right)^2} \qquad (6.1)$$

mit S: Summe der Parameterabweichungen
P: Wert des Prozeßparameters
STW: entsprechender Standardwert
i: Index für Prozeßparameter und Standardwert
n: Anzahl der Prozeßparameter und Standardwerte

Aus den Untersuchungen und Berechnungen mit dem Regressionsverfahren haben sich zwei Stufen für die Genauigkeit, ausgedrückt durch das Genauigkeitskriterium, ergeben:

- Stufe 1 (hohe Genauigkeit): $S < 0{,}2$
- Stufe 2 (niedrige Genauigkeit): $S > 0{,}2$

Der Wert für S wird bei jeder Berechnung der Spritzbildmerkmale ermittelt und bei der Ausgabe der Spritzbildmerkmale angegeben.

7 Gegenüberstellung der eingesetzten Berechnungsverfahren

Die beiden zur Berechnung der Spritzbildmerkmale eingesetzten Verfahren (neuronales Netz, vgl. Kapitel 5 und Regressionsverfahren, vgl. Kapitel 6) weisen zahlreiche charakteristische Eigenschaften und Unterschiede auf, die in diesem Kapitel gegenübergestellt werden sollen. Die Gegenüberstellung erfolgt anhand der Kriterien

- Ermittlung von Basisdaten, Datenbedarf,
- Handhabung der Verfahren,
- Genauigkeit.

Ermittlung von Basisdaten, Datenbedarf
Sowohl für das neuronale Netz, als auch für das Regressionsverfahren werden experimentelle Daten benötigt. Beide Berechnungsverfahren sind hinsichtlich ihrer Genauigkeit zu überprüfen. Dies geschieht durch Vergleich berechneter Spritzbildmerkmale mit experimentell ermittelten.

Das neuronale Netz zur Berechnung der Spritzbildmerkmale wurde mit 28 unterschiedlichen Datensätzen (Trainingsmustern) trainiert. Diese Daten wurden systematisch mit der Methode der Standardeinstellungen ermittelt (da sie gleichzeitig für das Regressionsverfahren verwendet wurden), was jedoch nicht erforderlich wäre. Auch die Anzahl der Trainingsmuster könnte geringer sein, wie dies die Berechnung des AWG und der Qualitätsmerkmale zeigt. Dieses Netz, welches ein wesentlich komplexeres Problem mit sehr guter Genauigkeit nachbildet, wurde mit nur 14 Datensätzen trainiert, die nicht systematisch, sondern mit Hilfe der statistischen Versuchsplanung ermittelt wurden.

Das Regressionsverfahren zur Berechnung der Spritzbildmerkmale, basierend auf drei Standardeinstellungen, benötigt wesentlich mehr Basisdaten als das neuronale Netz. Dies beruht auf der Tatsache, daß zur Ermittlung einer Kennlinie mindestens drei bis vier Stützpunkte erforderlich sind. Insgesamt wurden für die Kennlinien 46 Datensätze benötigt. Bei komplexeren Problemen mit einer höheren Anzahl von Prozeßparametern (Variablen) steigt der Datenbedarf beim Einsatz des Regressionsverfahrens so an, daß eine praktikable Ermittlung nicht mehr gegeben ist. Somit scheidet der Einsatz des Regressionsverfahrens für komplexere Problemstellungen aus.

Handhabung der Berechnungsverfahren

Die ermittelten Trainingsmuster für das neuronale Netz müssen auf das Intervall [0...1] transformiert werden. Danach wird die Trainingsdatei erstellt und das Netz trainiert. Das Training erfordert sehr viele Trainingszyklen und je nach Leistung des eingesetzten Rechners u.U. längere Trainingszeit. Da das Training jedoch automatisch abläuft, ist dies ohne Bedeutung. Das Training muß gegebenenfalls mit unterschiedlichen Netzarchitekturen wiederholt werden, um diejenige Architektur zu ermitteln, die die beste Anpassung des Problems liefert. Die Simulationsberechnungen im Recall-Modus des Netzes laufen dagegen ohne Zeitverzug ab.

Die Datenaufbereitung für das Regressionsverfahren, d.h. die Ermittlung der Kennlinien, ist wesentlich aufwendiger. Jeder durch Parametervariation untersuchte Zusammenhang muß mit unterschiedlichen Funktionen angepaßt werden, um diejenige Funktion zu finden, die das minimale Bestimmtheitsmaß liefert. Danach ist eine Datei zu erstellen, die die Funktionstypen und -parameter enthält. Auch beim Regressionsverfahren erfolgen die Berechnungen ohne Zeitverzug.

Genauigkeit der Berechnungsverfahren

Die Genauigkeit der Berechnungsverfahren wird durch einen Vergleich der berechneten mit den experimentell ermittelten Spritzbildmerkmalen bewertet. Für den Vergleich (Tabelle 7.1) werden sowohl die Trainingsmuster, bzw. die Kennlinienwerte als auch spezielle Datensätze (Kontrollmuster) herangezogen.

Verfahren	Trainingsmuster bzw. Kennlinienwerte		Kontrollmuster K2		Gesamt	
	f_{mittel} [%]	s [%]	f_{mittel} [%]	s [%]	f_{mittel} [%]	s [%]
Spritzbildmerkmal Profilflache/Profilmaximum						
neuronales Netz	10,35	7,64	19,48	11,39	10,95	8,85
Regressionsverfahren	7,70	8,32	18,76	13,71	9,67	10,28
Spritzbildmerkmal· Profilbreite						
neuronales Netz	6,26	5,77	8,12	6,48	6,39	5,41
Regressionsverfahren	6,61	5,72	8,92	10,0	7,07	6,63
Spritzbildmerkmal: Profilexponent						
neuronales Netz	7,74	21,98	25,0	42,49	12,50	30,03
Regressionsverfahren	10,14	26,35	30,0	48,30	13,69	31,76

Tabelle 7.1: Vergleich der Genauigkeit bei der Berechnung der Spritzbildmerkmale mit dem neuronalen Netz (Architektur B1) und mit dem Regressionsverfahren (Betrachtung einzelner Merkmale)

Bei der Betrachtung des mittleren Fehlers liefert das Regressionsverfahren nur bei Spritzbildmerkmal Profilfläche/-maximum etwas bessere Ergebnisse als das neuronale Netz. Die Standardabweichungen, die die Streuung des mittleren Fehlers angeben, sind beim neuronalen Netz durchweg geringer. Insgesamt betrachtet, d.h. wenn der mittlere Fehler und die Standardabweichung über alle Muster und Merkmale bewertet werden, erzielt das Netz die besseren Ergebnisse (vgl. Tabelle 7.2).

Genauigkeitskriterium	**neuronales Netz**	**Regressionsverfahren**
mittlerer Fehler f_{mittel} [%]	9,95	10,13
Standardabweichung [%]	14,76	16,22

Tabelle 7.2: Vergleich der Genauigkeit bei der Berechnung der Spritzbildmerkmale mit dem neuronalen Netz (Architektur B1) und mit dem Regressionsverfahren (Gesamtbetrachtung)

Zusammenfassung

Neben der höheren Genauigkeit hat das neuronale Netz weitere Vorteile gegenüber dem Regressionsverfahren wie:

- geringerer Bedarf experimenteller Daten,
- keine systematische Versuchsdurchführung erforderlich,
- einfachere Aufbereitung der Daten für den Einsatz des Verfahrens,
- Einsetzbarkeit auch bei komplexen Problemstellungen mit einer hohen Anzahl von Prozeßparametern und Merkmalen,
- Flexibilität bezüglich der Prozeß- und Verfahrenstechnik,
- Möglichkeit der Weiterentwicklung zur Prozeßüberwachung und -steuerung

und ist somit dem Regressionsverfahren deutlich überlegen.

8 Anwendung der Berechnung charakteristischer Spritzbildmerkmale zur Bahnplanung für Beschichtungsautomaten

Die Bahnplanung für Beschichtungsautomaten (Lackierroboter, Flächenautomaten) erfolgt mit Off-line-Programmiersystemen, die den Automaten, das zu lackierende Werkstück sowie die prozeßrelevante Umgebung modellieren. Die Systeme sind in der Lage, Schichtdickenverläufe auf den Werkstückflächen zu berechnen. Die dazu notwendigen Schichtdickenprofile der dynamischen Spritzbilder, die sog. Pinsel (engl.: brush), müssen für jede gewünschte Parametereinstellung experimentell ermittelt werden und sind in Pinselbibliotheken abgespeichert.

Das Ziel der vorliegenden Arbeit war es, ein Verfahren zu entwickeln, mit welchem charakteristische Spritzbildmerkmale und daraus dynamische Spritzbilder sowie der Lackauftragswirkungsgrad und die Qualitätsmerkmale für beliebige Parametereinstellungen berechnet werden können.

Da die Anwendung des entwickelten Verfahrens zur Bahnplanung für Beschichtungsautomaten nicht mit einem Off-line-Programmiersystem erprobt werden konnte, wurde ein verhältnismäßig einfaches Programm erstellt, mit welchem die aus der Hubbewegung eines Flächenautomaten und der Transportbewegung des Werkstükkes resultierende Zerstäuberbewegung berechnet werden kann. Damit kann auch der Schichtdickenverlauf auf einem einfachen Werkstück (ebene Fläche) berechnet werden. In diese Software sind sowohl das neuronale Netz als auch das Regressionsverfahren eingebunden. Die Software verfügt über weitere Funktionen zur Auswertung von Meßdaten und zur grafischen Darstellung der Ergebnisse. Die wichtigsten Funktionen werden in den nachfolgenden Kapiteln beschrieben. Die Software ist mit dem Borland C++ Compiler (Version 3.1) geschrieben und mit einer Microsoft-Windows-Oberfläche ausgestattet. Die Berechnungen des Schichtdickenverlaufs wurden experimentell überprüft.

8.1 Programmstruktur

Die in dieser Arbeit erstellte Software ist modular aufgebaut. Sie besteht aus einem Hauptprogramm (PROFSIM.EXE, PROFSIM: **PROF**il**SIM**ulation) und den Programmodulen für die unterschiedlichen Funktionen. Das Hauptprogramm stellt die Bedieneroberfläche zur Verfügung und verwaltet den Datenfluß sowie die einzelnen Programmodule. Eine Ausnahme in dieser Struktur bildet das Programm des neuronalen Netzes. Dieses Programm ist als eigenständig lauffähiges Hauptprogramm gestaltet und wird lediglich aus PROFSIM aufgerufen. Der Datenaustausch dieser beiden Hauptprogramme erfolgt über Dateien. Die Programmstruktur ist im Bild 8.1 dargestellt. Die Funktionen der Module werden nachfolgend kurz beschrieben.

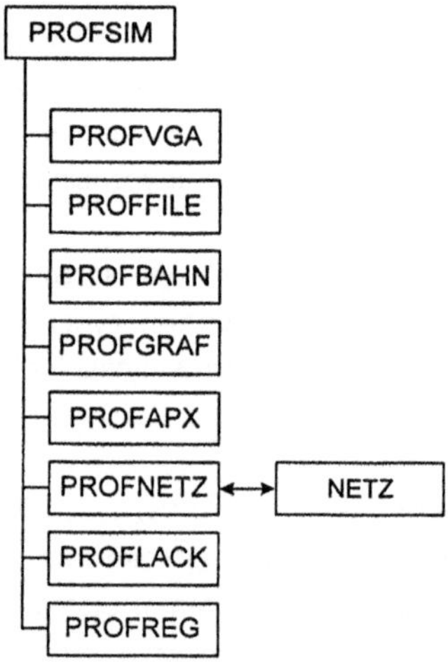

Bild 8.1: Programmstruktur von PROFSIM

- Modul PROFVGA ermittelt die Auflösung der im Rechner eingebauten VGA-Grafikkarte. Alle Grafikfunktionen sind relativ zu dieser Auflösung programmiert.
- Modul PROFFILE stellt Funktionen zum Laden und Speichern von Daten zur Verfügung.
- Modul PROFBAHN berechnet die Bahn des Zerstäubers über dem Werkstück. Die Zerstäuberbahn resultiert aus der Hubbewegung eines Flächenautomaten und der Förderbewegung des Werkstückes. Die Dynamik des Automaten wird berücksichtigt.
- Modul PROFGRAF stellt alle erforderlichen Grafikfunktionen zur Darstellung von Meßdaten, Kennlinien, dynamischen Spritzbildern, Zerstäuberbahnen, Schichtdickenverläufen und Querschnitten.
- Modul PROFAPX enthält die Funktionen zur Ermittlung von Kennlinien und zur Anpassung von Schichtdickenprofilen. Aus der Anpassung der experimentell bestimmten Schichtdickenprofile werden die Spritzbildmerkmale Profilfläche (Profilmaximum), Profilbreite und Profilexponent ermittelt.

- Modul PROFNETZ erstellt die transformierte Datei mit den gewünschten Prozeßparametern, ruft das Hauptprogramm NETZ auf und führt die Rücktransformation der Netzausgabe durch.
- Modul PROFLACK berechnet den Schichtdickenverlauf der Flächenlackierung auf dem Werkstück in Abhängigkeit der Zerstäuberbahn.
- Modul PROFREG enthält das im Kapitel 6 beschriebene Regressionsverfahren.

8.2 Bahnberechnung

Die Bahn des Zerstäubers über dem Werkstück resultiert aus der Hubbewegung des Lackierautomaten und der gleichzeitigen Förderbewegung des Werkstückes. Unter Berücksichtigung des Beschleunigungs- und Bremsverhaltens, welches unabhängig von der Hubrichtung ist und der maschinenbedingten Stillstandszeit (Totzeit) an den Umkehrpunkten der Bewegung ergibt sich eine sinusförmige Bahn. Die Berechnung der Bahnkoordinaten und der -geschwindigkeit erfolgt iterativ in Zeitschritten von 0,01 s. Die Bahnberechnungen wurden mit dem Bewegungsverhalten des tatsächlichen, bei den Untersuchungen eingesetzten Lackierautomaten verglichen. Sie stimmen überein, auch wenn sie einen idealisierten Zustand, z.B. ohne mechanische Schwingungen, wiedergeben.

Die zur Bahnberechnung erforderlichen Funktionen sind unter dem Menüpunkt „Bahn" zusammengefaßt. Zunächst müssen Bahnparameter eingegeben werden. Dies geschieht in einem mit praxisnahen Defaultwerten besetzten Dialogfeld (Funktion „Bahn/Bahnparameter"). Neben Geometrieangaben für die zu beschichtende Platte werden dort die Koordinaten des Startpunktes der Bewegung, der Umkehrpunkte sowie der Schaltpunkte für den Zerstäuber definiert. Weiterhin werden die Hubgeschwindigkeit, die Beschleunigung, die Förderergeschwindigkeit, die Totzeit, die Anzahl der Hübe und die Anzahl der Lackaufträge eingegeben (Bild 8.2). Diese Daten stehen der nachfolgenden Bahnberechnung sowie anderen Funktionen, wie z.B. der Berechnung des Schichtdickenverlaufs von Flächenlackierungen (vgl. Kapitel 8.3), zur Verfügung. Die bei der Bahnberechnung ermittelten Bahnkoordinaten und -geschwindigkeiten können abgespeichert und in Form verschiedener Diagramme dargestellt werden. Die Zerstäuberbahn kann mit der Funktion „Bahn/Bahndarstellung" vor weiteren Berechnungen kontrolliert werden.

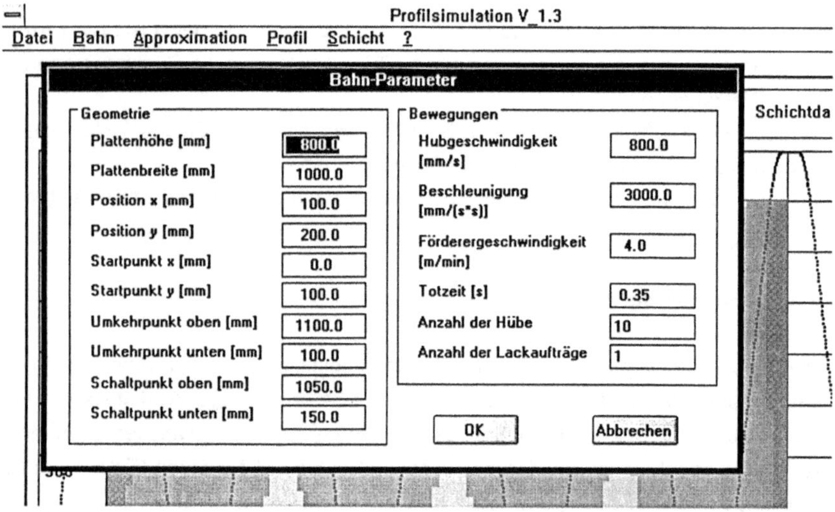

Bild 8.2: Dialogfeld zur Eingabe der Teilegeometrie und der Bahnparameter

8.3 Berechnung des Schichtdickenverlaufs einer Flächenlackierung, experimentelle Verifikation

8.3.1 Berechnungsalgorithmus

Die Berechnung des Schichtdickenverlaufs auf einer ebenen Fläche erfolgt ausgehend von der Zerstäuberbahn und einem durch die Spritzbildmerkmale definierten Schichtdickenprofil. Die zu berechnende Fläche wird in eine Vielzahl rechtwinkliger Flächenelemente aufgeteilt, die durch Angabe der Zeilen- und Spaltennummer bezeichnet werden. Für jedes Flächenelement wird die Schichtdicke berechnet und diese dem Mittelpunkt des Flächenelementes zugeordnet.

Bei der Berechnung des Schichtdickenverlaufs wird dem auf der Fläche aufgespannten Netz eine Zerstäuberbahn, bestehend aus diskreten Koordinatenwerten überlagert. In einer Schleife über alle Bahnpunkte prüft der Berechnungsalgorithmus, ob der aktuelle Bahnpunkt in der aktuellen Zeile der Fläche liegt. Ist dies der Fall (und liegen keine weiteren Bahnpunkte in dieser Zeile) erfolgt für alle Flächenelemente der Zeile die Schichtdickenberechnung mit Hilfe der Profilfunktion (Gleichung 3.1). Der berechnete Schichtdickenwert wird zu der in diesem Flächenelement bereits vorhandenen Schichtdicke addiert. Liegen mehrere Bahnpunkte in der aktuellen

Zeile, wird für die Berechnung der Schichtdicke derjenige Bahnpunkt verwendet, der dem Schwerpunkt des Flächenelementes am nächsten liegt. Bei hohen Bahngeschwindigkeiten kann es vorkommen, daß in der aktuellen Zeile kein Bahnpunkt enthalten ist. In diesem Fall wird durch Interpolation ein neuer Bahnpunkt generiert. Nach erfolgter Schichtdickenberechnung wird die aktuelle Zeile weitergeschaltet.

Die auf der Fläche berechnete Schichtdickenverteilung kann als Farbmuster dargestellt werden, wobei jeder Farbe ein bestimmter Schichtdickenbereich zugeordnet ist (Bild 8.3). Eine weitere Darstellungsmöglichkeit sind Schichtdicken-Querschnitte an beliebigen Stellen quer zur Bewegungsrichtung des Zerstäubers (Bilder 8.4 und 8.5).

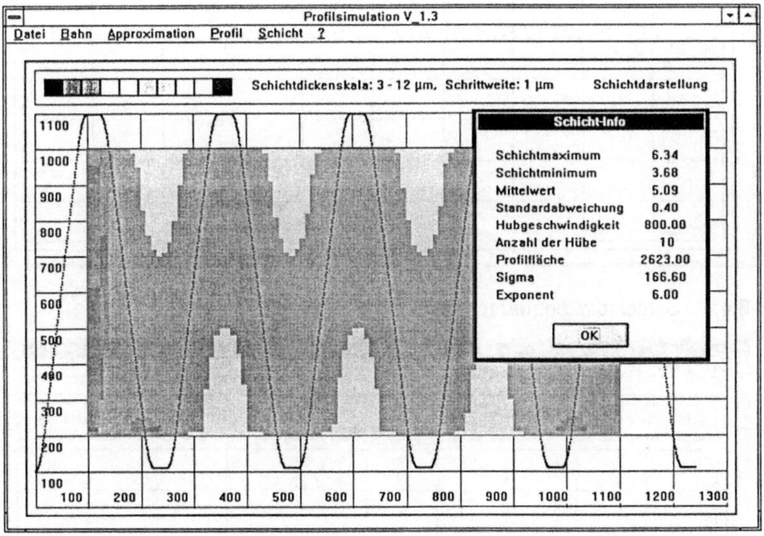

Bild 8.3: Berechnung der Schichtdickenverteilung auf einer ebenen Fläche; Darstellung der Zerstäuberbahn

Die Gleichmäßigkeit der Schichtdickenverteilung auf der Fläche hängt nicht nur von den Spritzbildmerkmalen, sondern auch von der Anzahl der Profilüberlappungen (bzw. vom Hubabstand) ab. Dies ist in den Bildern 8.3 bis 8.5 deutlich erkennbar. Während die Beschichtung im mittleren Bereich der Platte annähernd gleichmäßig ist (Bild 8.3 und 8.4), weist das Schichtdickenprofil im Randbereich größere Schwankungen aufgrund des unregelmäßigen Hubabstandes auf (Bild 8.3 und 8.5). Die Schichtdickenverteilung auf der Fläche kann durch verschiedene Kennwerte charakterisiert werden. Dazu gehören das Schichtdickenmaximum und -minimum, der Mittelwert und die Standardabweichung. Diese Werte können nach der Berechnung abgefragt werden (Bild 8.3).

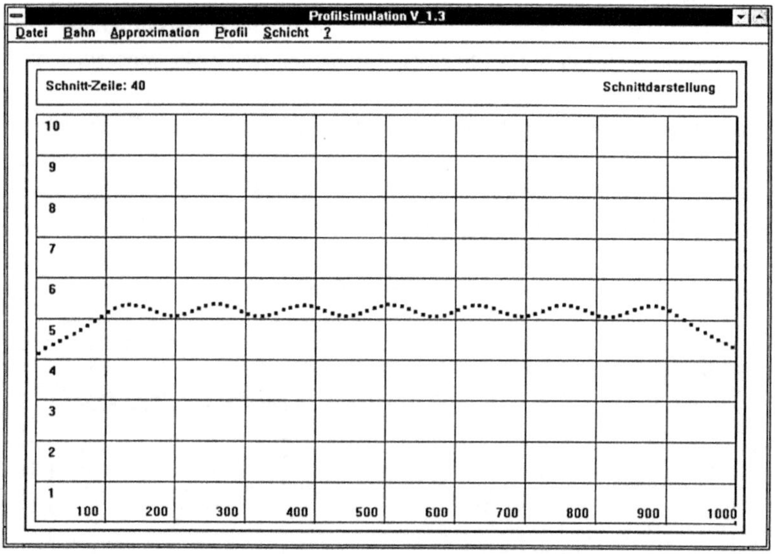

Bild 8.4: Schichtdickenquerschnitt in der Plattenmitte

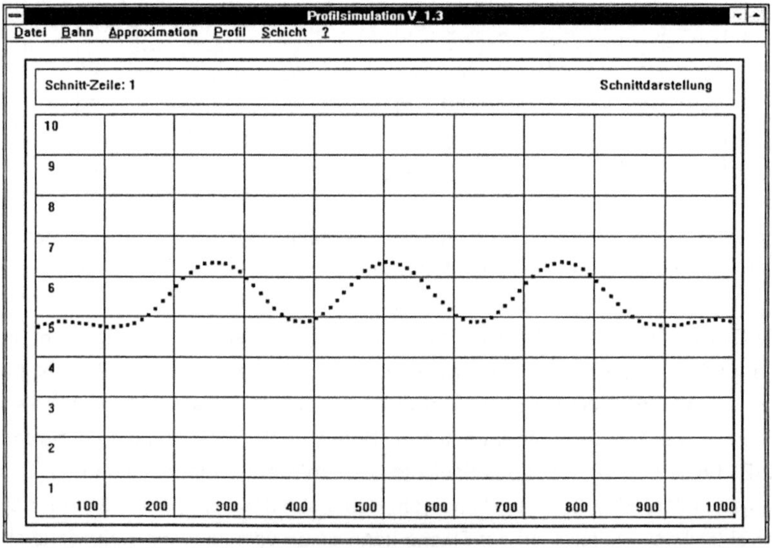

Bild 8.5: Schichtdickenquerschnitt am Plattenrand

8.3.2 Experimentelle Verifikation der Berechnungen

Die Berechnungen der Schichtdickenverteilung auf einer ebenen Fläche wurden durch Beschichtungsversuche mit einem ausgewählten Parametersatz auf einer ortsfesten ebenen Fläche verifiziert. Die Beschichtungen erfolgten mit einem 6-Achsen-Lackierroboter, der über eine zusätzliche Verfahrachse (7. Achse) verfügt. Damit konnte die Zerstäuberbahn exakt realisiert werden, die sich aus der Hubbewegung des Zerstäubers, der mit einem Flächenautomat bewegt wird und aus der Förderbewegung des Werkstücks ergibt.

Für die bei der Verifikation durchgeführten Berechnungen des Schichtdickenverlaufs wurde zunächst das Schichtdickenprofil des ausgewählten Parametersatzes experimentell ermittelt. Das gemessene Profil wurde mit einer Normalverteilung angepaßt (Bild 8.6) und die charakteristischen Spritzbildmerkmale ermittelt.

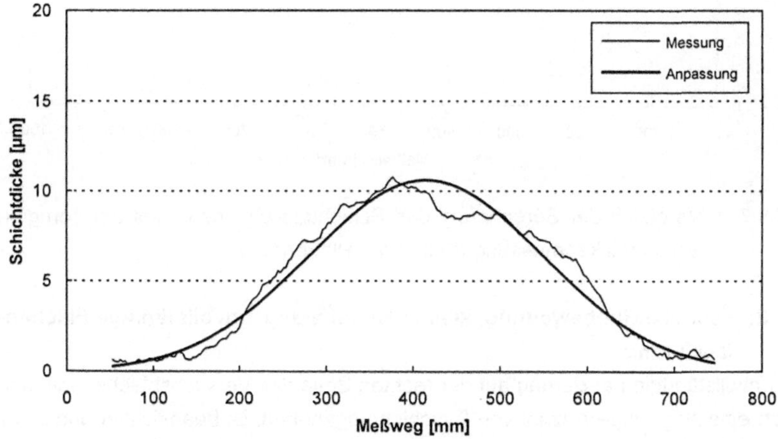

Bild 8.6: Bei der Verifikation eingesetztes Schichtdickenprofil

Die Versuchsbeschichtungen wurden mit unterschiedlichen Bahnparametern (Hubgeschwindigkeit, Hubabstand, Anzahl der Hübe) durchgeführt. Nach dem Trocknen wurde die Schichtdicke der lackierten Bleche mit zehn Meßbahnen (parallel zur langen Blechkante) vermessen. Die Simulationsberechnungen erfolgten für die gleichen Bahnparameter. Die Ergebnisse der Verifikation werden nachfolgend an zwei ausgewählten Beispielen erläutert.

Fall 1: langsame Hubbewegung, großer Hubabstand, vollständige Flächenlackierung

Das Ergebnis ist im Bild 8.7 dargestellt. Die Schichtdickenverteilung ist, vor allem am Plattenrand, sehr ungleichmäßig. Die Simulationsberechnung stimmt gut mit dem Experiment überein, sowohl bezüglich des Schichtdickenniveaus als auch bezüglich des Schichtdickenverlaufs.

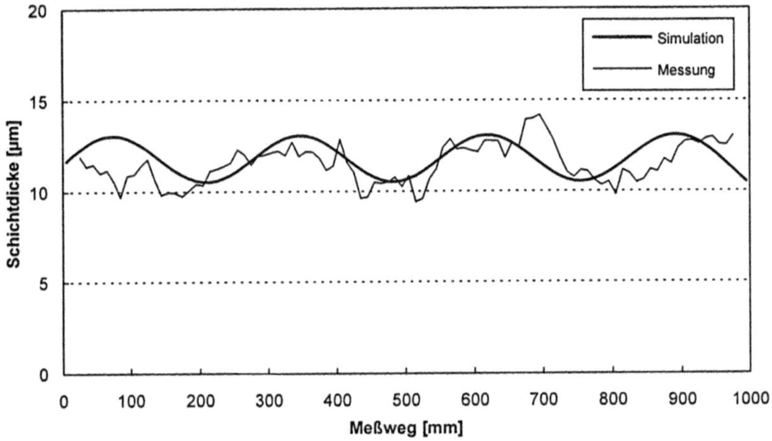

Bild 8.7: Vergleich der Berechnung des Schichtdickenverlaufs mit der korrigierten Schichtdickenmessung (Fall 1) am Plattenrand

Fall 2: schnelle Hubbewegung, kleiner Hubabstand, unvollständige Flächenlackierung

Die unvollständige Lackierung auf der rechten Seite des Versuchsblechs, entstanden durch eine zu geringe Anzahl von Beschichtungshüben, ist beabsichtigt und soll zeigen, daß der entstehende Schichtdickenkeil richtig berechnet wird und für eine gleichmäßige Lackierung ein Vorbeispritzen am Werkstück erforderlich ist. Die Zerstäuberbewegung endet über der rechten Kante des Versuchsblechs. Für einen gleichmäßigen Schichtdickenverlauf wären bei dem eingesetzten Flachstrahl noch zwei weitere Hübe erforderlich.

Der Vergleich der Berechnung des Schichtdickenverlaufs mit der Schichtdickenmessung (Bild 8.8) zeigt ebenfalls eine gute Übereinstimmung bezüglich des Schichtdikkenniveaus, des Schichtdickenverlaufs und des Schichtdickenkeils. Durch den geringeren Hubabstand ergibt sich (abgesehen vom Schichtdickenkeil) eine gleichmäßige Lackierung über die ganze Fläche des Versuchsblechs.

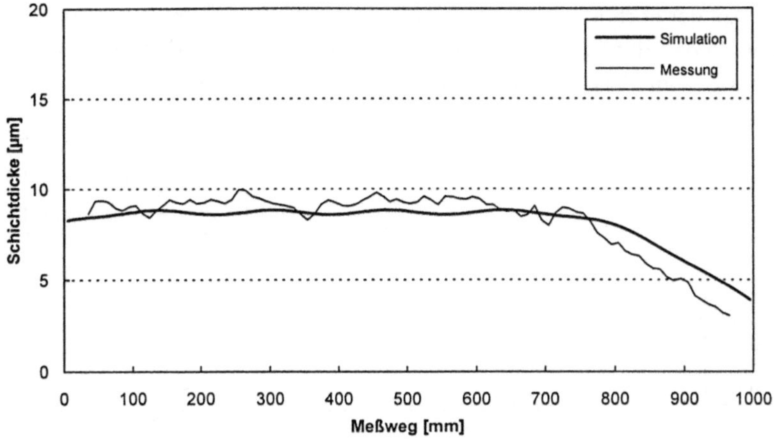

Bild 8.8: Vergleich der Berechnung des Schichtdickenverlaufs mit der korrigierten Schichtdickenmessung (Fall 2)

Diese zwei Beispiele zeigen, wie wichtig eine Abstimmung der Hubbewegung (Hubgeschwindigkeit, Hublänge), des Hubabstandes (der bei einer gegebenen Hubbewegung durch die Fördergeschwindigkeit gegeben ist), der Anzahl der Hübe und der Spritzbildmerkmale aufeinander für die Qualität einer Lackierung ist.

Die in den Bildern 8.7 und 8.8 dargestellte gemessene Schichtdickenverteilung wurde bezüglich des Schichtdickenniveaus um 9 % nach unten korrigiert. Der Grund für die Korrektur liegt darin, daß der AWG und damit auch die Schichtdicke bei der Ermittlung des Schichtdickenprofils auf einer unbeschichteten Fläche um ca. 9 % niedriger ist als bei der Flächenlackierung, wenn die Fläche bereits teilweise mit Lack benetzt ist. Bei einer Flächenlackierung erfolgt eine verstärkte Abscheidung, da die Querströmung über der benetzten Fläche weniger Lacktropfen mit sich fortträgt. Dies bedeutet, daß berechnete Schichtdickenverteilungen, denen Spritzbildmerkmale zu Grunde liegen, die auf unbenetzten Substraten ermittelt wurden, immer eine etwas niedrigere Schichtdicke aufweisen als bei einer entsprechenden Lackierung erreicht wird. Eine experimentelle Bestätigung dieses Zusammenhangs ist aus Bild 8.9 ersichtlich. Das Bild zeigt den Vergleich desselben Schichtdickenprofils auf einem unbenetzten und auf einem vollständig benetzten Substrat. Die Flächenzunahme durch die Verwendung eines benetzten Substrates, die dem AWG proportional ist, liegt hier bei ca. 19 %. Dies ist etwa der doppelte Wert, der bei der Flächenlackierung ermittelt wurde. Hierbei ist jedoch zu berücksichtigen, daß bei einer Flächenlackierung nur die bereits lackierte Fläche benetzt ist, auf der dann eine höhere Abscheidung erfolgen kann. Auf der noch nicht lackierten Fläche kann keine verstärkte Abscheidung stattfinden, so daß der Schichtdickenzuwachs insgesamt nur die Hälfte dessen beträgt, was bei dem im Bild 8.9 dargestellten Versuch ermittelt wurde.

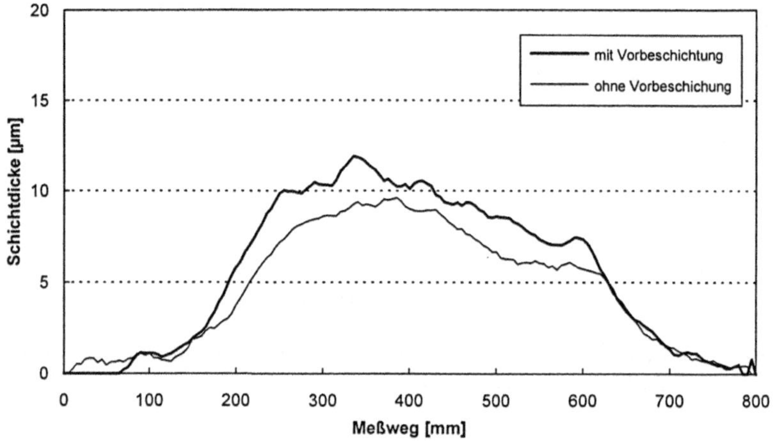

Bild 8.9: Vergleich von Schichtdickenprofilen auf einem mit Lack benetzten und unbenetzten Substrat

8.4 Weitere Funktionen des Berechnungsprogramms

8.4.1 Auswertung von Meßdaten zur Ermittlung der Spritzbildmerkmale

Die Spritzbildmerkmale werden aus Schichtdickenprofilen von Lackierbahnen gewonnen. Die Schichtdickenprofile werden mit Hilfe der Schichtdickenmessung (vgl. Kapitel 4.2.3) vermessen. Die hierbei entstehenden Meßreihen werden zu einem mittleren Schichtdickenprofil zusammengefaßt und als Wertepaare (Meßstrecke, Meßwert) in einer sequentiellen Datei gespeichert. Die Datei (*name.csv*) darf nur Wertepaare enthalten, die durch ein Komma getrennt sind (csv-Format; csv: comma separated value).

Nach dem Laden einer Meßwertdatei durch die Funktion „Datei/Öffnen“ erscheinen die Meßdaten in einem Diagramm auf dem Bildschirm. Die Profilanpassung kann nun durch die Funktion „Approximation/Profilanpassung“ und die Eingabe eines ganzzahligen, geraden Profilexponenten erfolgen. Es werden alle charakteristischen

Merkmale und Kennwerte des Schichtdickenprofils berechnet. Die Funktion „Approximation/Berechnung .../Profil“ stellt das berechnete Schichtdickenprofil im eingegebenen Intervall mit der gewünschten Anzahl der Berechnungsschritte dar. Für das berechnete Schichtdickenprofil kann mit der Funktion „Approximation/Berechnung.../Profiloptimierung“ eine Profiloptimierung durchgeführt werden. Das Optimierungskriterium ist die Fehlfläche, die minimiert wird. Die Fehlfläche F_F ist die Summe der Beträge der Differenz zwischen den Teilflächen dF_i des gemessenen und des berechneten Profils und wird auf die Gesamtfläche F bezogen (Gleichung 8.1). Bei einer völligen Übereinstimmung des gemessenen und des berechneten Profils beträgt die Fehlfläche 0 %. Die Fehlfläche stellt somit ein Genauigkeitskriterium für die Profilanpassung dar.

$$F_F = \frac{\sum_{i=1}^{n} \sqrt{(dF_{i,mes} - dF_{i,approx})^2}}{F} \cdot 100\,[\%] \qquad (8.1)$$

Die Profiloptimierung erfolgt entweder durch Profilstreckung (Profilmaximum nimmt ab, Profilbreite nimmt zu) oder durch Profilstauchung (Profilmaximum nimmt zu, Profilbreite nimmt ab) jedoch immer bei konstant bleibender Profilfläche. Nach der Berechnung können alle charakteristischen Profilmerkmale und -kenngrößen durch die Funktion „?/Profil-Info“ abgerufen werden. Die berechneten Größen stehen allen anderen Programmodulen für Berechnungen zur Verfügung.

Die charakteristischen Profilgrößen werden nach folgenden Gleichungen berechnet:

- Profilfläche F

$$dF_i = (x_{i+1} - x_i) \cdot \frac{y_i + y_{i+1}}{2} \qquad (8.2)$$

$$F = \sum_{i=1}^{n} dF_i \qquad (8.3)$$

- Schwerpunkt der Profilfläche x_s

$$x_s = \frac{\sum_{i=1}^{n} dF_i \cdot x_{si}}{F} \qquad (8.4)$$

- Profilbreite σ /105/

$$\sigma^2 = \sum_{i=1}^{n}(x_i^2 \cdot \frac{y_i}{\sum y_i}) - [\sum_{i=1}^{n}(x_i \cdot \frac{y_i}{\sum y_i})]^2 \qquad (8.5)$$

8.4.2 Auswertung von Meßdaten zur Ermittlung von Kennlinien

Das Programmodul PROFAPX dient nicht nur zur Anpassung von Schichtdickenprofilen und zur Ermittlung von Spritzbildmerkmalen, sondern auch zur Ermittlung von Prozeßkennlinien, die beim Einsatz des Regressionsverfahrens (vgl. Kapitel 6) benötigt werden. Dazu ist es notwendig, die experimentell bestimmten Daten mit Hilfe eines Tabellenkalkulationsprogramms oder eines Texteditors in ein Format, bestehend aus zwei Spalten, die durch Komma getrennt sind, zu bringen. Nach dem Öffnen der Datei werden die Meßwerte in einem Diagramm dargestellt. Mit der Funktion „Approximation/Kennlinie..." können die Daten mit drei Funktionen, mit der linearen Regression, e-Funktion und ln-Funktion angepaßt werden. Die Programmfunktion „Approximation/Berechnung.../Kennlinie" berechnet die Kennlinie im angegebenen Intervall mit der angegebenen Anzahl von Schritten und stellt sie in einem Diagramm dar. Die Parameter der Anpassungsfunktion werden zusammen mit dem Bestimmtheitsmaß angegeben. Die Meßwerte und die berechneten Funktionswerte können gespeichert werden.

9 Fehlerbetrachtungen

Die in dieser Arbeit durchgeführten Berechnungen der Spritzbild- und Qualitätsmerkmale basieren auf experimentell gewonnenen Trainingsdaten (-mustern) und wurden mit ebenfalls experimentellen Testdaten (Kontrollmustern) verifiziert. Sowohl die Trainings- als auch die Kontrollmuster sind fehlerbehaftet. Mit Hilfe der Fehlerbetrachtung soll die Genauigkeit der experimentellen Untersuchungen abgeschätzt und mit den Abweichungen der Berechnungen der Kontrollmuster verglichen werden. Die Fehlerbetrachtung erfolgt getrennt für die Versuchsdurchführung und die Simulationsberechnungen.

9.1 Versuchsdurchführung

Die Fehler entstehen bei den Beschichtungsversuchen durch Abweichungen der Prozeßparameter von den Sollwerten, durch sich ändernde Lackmaterialeigenschaften sowie durch Meßfehler bei der Versuchsauswertung. Hierbei handelt es sich um zufällige Fehler. Systematische Fehler, bedingt durch den Versuchsaufbau oder die eingesetzte Meßtechnik, können in der Regel bei solchen Untersuchungen nicht erfaßt werden. Die nachfolgende Fehlerbetrachtung soll Aufschluß darüber geben, welche Genauigkeit bei der Versuchsdurchführung und -auswertung zu erwarten ist.

Eine Fehlerbetrachtung mit Hilfe der Statistik (Berechnung der Standardabweichung und des Vertrauensbereiches) kann nicht durchgeführt werden, da aus Gründen des hohen Versuchsaufwandes nicht genügend experimentelle Daten vorliegen. Ebensowenig kann eine Fehlerfortpflanzungsrechnung nach Gauß /112/ durchgeführt werden. Bei dieser Methode wird, ausgehend von der Funktion für die fehlerbehaftete Größe (hier: Spritzbild- bzw. Qualitätsmerkmal) in Abhängigkeit der Prozeßparameter, das totale Differential gebildet. Diese Funktion ist jedoch unbekannt, ihre Ermittlung wäre aufgrund der zahlreichen Parameter mit einem enormen Versuchsaufwand verbunden (dies ist auch der Grund für den Einsatz des neuronalen Netzes bei der Berechnung der Spritzbild- und Qualitätsmerkmale).

Daher wird bei der Fehlerbetrachtung eine Methode gewählt, die auf der Abschätzung der maximalen Abweichungen der Merkmale aufgrund von Abweichungen der Prozeßparameter und der eingesetzten Meßverfahren beruht. Daraus wird die gemittelte Abweichung für die Merkmale berechnet nach der Formel:

$$\varepsilon = \pm\sqrt{\varepsilon_1^2 + \varepsilon_2^2 + \ldots \varepsilon_n^2} \qquad (9.1)$$

Die Abweichungen der Merkmale ε_1 bis ε_n können aus Tabelle 9.1 entnommen werden.

Prozeßparameter bzw. Meßtechnik	**max. Abweichung**	**max. Abweichung der Spritzbildmerkmale und des AWG ($\varepsilon_1 \ldots \varepsilon_n$)**		
		Fläche	**σ**	**AWG**
Lackvolumenstrom	± 10 ml/min	± 50 µm*mm	± 5 mm	± 2 %
Zerstäubungsluftvolumenstrom	± 3 Nl/min	± 23 µm*mm	± 2 mm	± 1 %
Hornluftvolumenstrom	± 3 Nl/min	± 9 µm*mm	± 2 mm	± 1 %
Bahngeschwindigkeit	± 10 mm/s	± 150 µm*mm	± 0 mm	± 1 %
Spritzabstand	± 5 mm	± 55 µm*mm	± 2 mm	± 2 %
Schichtdickenmessung	± 1µm	± 474 µm*mm	± 9 mm	-
Lackdichte	± 0,001 g/ml	-	-	± 0,1 %
Lackfestkorpergehalt	± 0,01 %	-	-	± 0,1 %
Masse der Aluminiumfolien	± 0,001 g	-	-	± 0,1 %
Maße der Versuchsbleche	± 1 mm	-	-	± 0,5 %

Tabelle 9.1: Abweichungen der Prozeßparameter, der Spritzbildmerkmale und des AWG

Die Abschätzung der Abweichungen der Spritzbildmerkmale und des AWG erfolgt mit Hilfe von Kennlinien, die den Zusammenhang der betrachteten Prozeßparameter und der Merkmale beschreiben. Die Kennlinien wurden in einer begleitenden Untersuchung ermittelt. Die Abschätzung der Abweichungen wird für die Standardeinstellung 2 durchgeführt. Die Ergebnisse können auf die anderen beiden Standardeinstellungen übertragen werden. Für die Qualitätsmerkmale kann diese Fehlerbetrachtung nicht durchgeführt werden, da aufgrund der Versuchsdurchführung keine funktionalen Zusammenhänge ermittelt wurden.

Mit den Abweichungen aus Tabelle 9.1 ergeben sich für die gemittelten maximalen Abweichungen der Spritzbildmerkmale und des AWG folgende Werte:

- Fläche des Schichtdickenprofils ± 18,5 %
- Breite des Profils zwischen den Wendepunkten ± 8,8 %
- Auftragswirkungsgrad ± 3,0 %

Diese Werte sind auf die Mittelwerte der im Bild 9.1 dargestellten Profile des Standard 2 (F = 2719,1 µm*mm; σ = 124,1 mm) bezogen.

Die Fehlerbetrachtung zeigt, daß die Fehler, die bei der Schichtdickenmessung entstehen, den größten Einfluß auf die oben berechneten gemittelten Abweichungen haben. In der Praxis sind deutlich niedrigere Werte zu erwarten, da sich die Parameterabweichungen in ihrer Wirkung auf die Merkmale z.T. gegenseitig kompensieren. Eine experimentelle Überprüfung der Reproduzierbarkeit der Spritzbildmerkmale und des Auftragswirkungsgrades hat ergeben, daß Abweichungen der Profilfläche bzw. der Profilbreite in der Größenordnung von 8 % bzw. 4 % (Bild 9.1) und die des Wirkungsgrades im Bereich von 1 % liegen können.

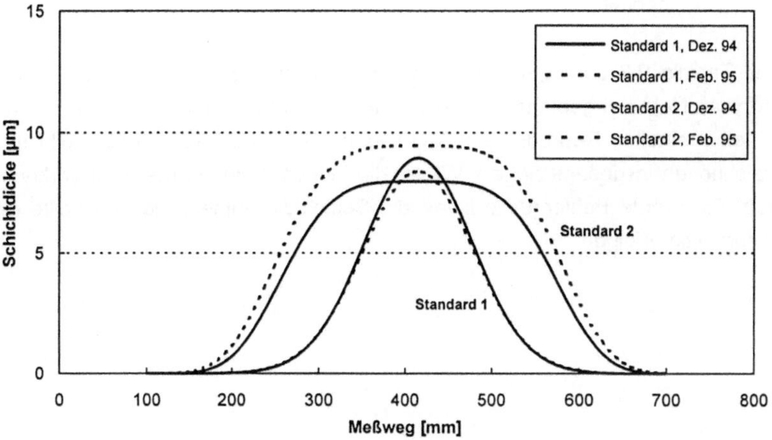

Bild 9.1: Vergleich der Schichtdickenprofile (Standard 1 und 2) nach einer zeitlich versetzten Beschichtung von zehn Wochen

9.2 Simulationsberechnungen

Bei den Simulationsberechnungen entstehen zusätzlich Fehler, die durch die Modellbildung verursacht werden. Da es sich bei dem in dieser Arbeit entwickelten neuronalen Netz nicht um ein mathematisch-physikalisches Modell handelt, kann der Fehler aufgrund der Modellbildung nicht berechnet, sondern muß durch die experimentelle Verifikation (wie in den entsprechenden Kapiteln beschrieben) ermittelt werden. Tabelle 9.2 faßt nochmals die Ergebnisse der Verifikation der Berechnungen mit dem neuronalen Netz für die pneumatische Zerstäubung zusammen und vergleicht sie mit den in der Fehlerbetrachtung ermittelten Werten.

	Abweichungen der Merkmale		
	Profilfläche [%]	**Profilbreite [%]**	**AWG [%]**
Simulationsberechnungen mit neuronalem Netz	11	6,4	1,5
Fehlerbetrachtung	18,5	8,8	3,0
experimentelle Überprüfung der Reproduzierbarkeit	8	4	1

Tabelle 9.2: Vergleich der Abweichungen der Simulationsberechnugen mit Werten der Fehlerbetrachtung und der experimentell ermittelten Reproduzierbarkeit

Der in Tabelle 9.2 durchgeführte Vergleich zeigt, daß die Berechnungen mit dem neuronalen Netz bei geeigneter Auswahl der Trainingsmuster im Bereich der experimentell ermittelten Reproduzierbarkeit liegen. Die Fehlerbetrachtung ergibt für die Abweichungen insgesamt höhere Werte, die jedoch in der Praxis nicht vorkommen sollten. Die größte Fehlerquelle liefert die Schichtdickenmessung und sollte daher sehr sorgfältig erfolgen.

10 Anwendung des neuronalen Netzes bei der Hochrotationszerstäubung, Einsatzmöglichkeiten bei der Prozeßüberwachung

Die im Rahmen dieser Arbeit durchgeführten Untersuchungen und Berechnungen beschränken sich im wesentlichen auf die pneumatische Zerstäubung. Die pneumatische Zerstäubung wird im großen Maßstab in der Automobilindustrie beim zweiten Metallic-Basislackauftrag (vgl. Kapitel 2.1) sowie bei der Lackierung von Innenbereichen eingesetzt. Die Oversprayverluste sind bei der pneumatischen Zerstäubung, im Vergleich zu anderen Applikationsverfahren, sehr hoch, so daß eine optimale Parametrierung des Lackierprozesses hier von besonderer Bedeutung ist. Die durchgeführten Arbeiten sollen dazu einen Beitrag liefern.

Neue Entwicklungen in den Bereichen der Hochrotationszerstäubung und der Lackmaterialien könnten mittelfristig dazu führen, daß der Metallic-Basislackauftrag vollständig mit Hochrotationszerstäubern erfolgen kann. Daher soll in diesem Kapitel die Übertragbarkeit der Berechnungsverfahren auf die Hochrotationszerstäubung untersucht werden.

Weitere Entwicklungen im Bereich der Lackiertechnik befassen sich mit der qualitätsorientierten Überwachung des Lackierprozesses. Hierbei sind zwei grundsätzlich unterschiedliche Lösungsansätze festzustellen:

1. **Automatisierte Qualitätsprüfung am getrockneten Lackfilm**
   Es werden automatisch mit Hilfe eines Roboters Qualitätsmerkmale wie Schichtdicke, Farbton, Verlauf, Glanz usw. ermittelt. Mit Hilfe dieser, nach dem Trocknungsvorgang gewonnenen Daten kann korrigierend in den Prozeß eingegriffen werden /106/.
2. **Qualitätsorientierte Prozeßüberwachung auf der Basis von Prozeßkenngrößen**
   Hierbei wird während des Lackiervorgangs ausgehend von aktuellen Prozeßparametern bzw. -kenngrößen auf die Qualität des entstehenden Lackfilms geschlossen. Dazu ist die Kenntnis der Zusammenhänge zwischen den Prozeßparametern bzw. -kenngrößen und den Qualitätsmerkmalen erforderlich. Diese Zusammenhänge können mit Hilfe eines neuronalen Netzes hergestellt werden. Dieser zweite Lösungsansatz mit den bestehenden Möglichkeiten soll im Kapitel 10.2 diskutiert werden.

10.1 Anwendung des neuronalen Netzes bei der Hochrotationszerstäubung mit elektrostatischer Lackaufladung

10.1.1 Parameterauswahl

Bei Hochrotationszerstäubern (HRZ) sind entsprechend ihrer Funktionsweise (vgl. Kapitel 2.2.4) andere Zerstäuber- und Prozeßparameter zu berücksichtigen als bei der pneumatischen Zerstäubung. Das Lackmaterial wird durch einen mit hoher Drehzahl rotierenden Glockenteller zerstäubt. Die Strahlgeometrie wird durch den Lenkluftvolumenstrom beeinflußt. Der Auftragswirkungsgrad ist vom Wert der angelegten Hochspannung abhängig. Der Spritzabstand wirkt sich auf das entstehende Schichtdickenprofil und die Oversprayverluste wesentlich deutlicher aus, als dies bei der pneumatischen Zerstäubung der Fall ist. Der Grund dafür ist die relativ niedrige kinetische Energie der Lacktröpfchen in Richtung des Substrates. In diesem Zusammenhang spielt auch die Luftsinkgeschwindigkeit in der Spritzkabine eine wichtige Rolle.

Die für die experimentellen Untersuchungen und die Netz-Berechnungen ausgewählten Parameter und Spritzbildmerkmale sind in Tabelle 10.1 zusammengefaßt. Der bei den Untersuchungen ermittelte AWG wird hierbei auf den Standardversuch (AWG = 1) bezogen.

Zerstäuber- und Prozeßparameter (Eingangsgrößen des neuronalen Netzes)	**Spritzbildmerkmale** (Ausgangsgrößen des neuronalen Netzes)
• Lackmaterialvolumenstrom (FM)	• Auftragswirkungsgrad (AWG)
• Lenkluftvolumenstrom (LL)	• Profilfläche (F)
• Glockentellerdrehzahl (nG)	• halbe Profilbreite (σ)
• Hochspannung (U)	• Profilexponent (n)
• Spritzabstand (s)	
• Luftsinkgeschwindigkeit (vLuft)	

Tabelle 10.1: Ausgewählte Zerstäuber- und Prozeßparameter und abhängige Spritzbildmerkmale

Die experimentellen Untersuchungen /107, 108/ wurden mit einem Hochrotationszerstäuber der Fa. Dürr durchgeführt. Der Düsendurchmesser betrug 1 mm. Das Lackmaterial wurde durch Kontaktaufladung aufgeladen.

Als Lackmaterial wurde ein Wasserfüller der Fa. BASF verwendet, mit den Werten:

- Dichte: 1,32 g/cm³
- Festkörpergehalt: 53 Gew.-%

10.1.2 Versuchsdurchführung, Ergebnisse

Die experimentellen Untersuchungen wurden ausgehend von einer produktionsnahen Standard-Parametereinstellung durchgeführt. Die Parameter wurden einzeln in zwei Stufen variiert. Mit der Standard-Parametereinstellung ergeben sich daraus 13 unterschiedliche Einstellungen (Tabelle 10.2). Die Versuchsdurchführung erfolgte durch Beschichtung eines genügend großen Versuchsbleches mit einer horizontal verlaufenden Hubbewegung des Zerstäubers. Das entstehende Schichtdickenprofil wurde entsprechend den im Kapitel 4 beschriebenen Untersuchungen ausgewertet.

	FM	**LL**	**nG**	**U**	**s**	**vLuft**
	[ml/min]	[Nl/min]	[1000/min]	[kV]	[mm]	[m/s]
Stufe 1	110	150	30	30	180	0.1
Standard	**150**	**200**	**40**	**60**	**230**	**0.3**
Stufe 2	190	250	45	80	280	0 5

Tabelle 10.2: Parametereinstellungen bei der Untersuchung mit dem HRZ

Aufgrund der Tatsache, daß nur drei Einstellungen pro Parametervariation zur Verfügung stehen, können die Ergebnisse der Untersuchung nur qualitativ anhand der sich abzeichnenden Tendenzen erläutert werden. Hierbei ist grundsätzlich zu beachten, daß sich bei den Ergebnissen der meisten Parametervariationen mehrere Effekte überlagern, die nur mit einem erheblich größeren versuchstechnischen Aufwand einzeln untersucht werden könnten. In diesem Zusammenhang soll noch einmal darauf hingewiesen werden, daß das Ziel der Untersuchung nicht eine vollständige Parameterstudie ist, sondern der Nachweis der Eignung des neuronalen Netzes zur Berechnung von Spritzbildmerkmalen von Hochrotationszerstäubern.

Lackvolumenstrom

Eine Erhöhung führt zu einer gröberen Zerstäubung. Daraus ergibt sich eine Reduzierung der Lacknebelverluste durch geringeren Feinanteil. Lackverluste entstehen jedoch auch durch Tropfen mit größeren Durchmessern dadurch, daß sie aufgrund ihres höheren, nahezu parallel zum Werkstück verlaufenden Impulses durch die zur

Verfügung stehende Lenkluft nicht in Richtung des Werkstücks umgelenkt werden können. Diese gegenläufigen Einflüsse kompensieren sich nahezu vollständig, so daß eine Erhöhung des Lackvolumenstroms beim Hochrotationszerstäuber fast keinen Effekt auf den AWG hat. Bei der pneumatischen Zerstäubung ergibt sich dagegen eine deutliche AWG-Erhöhung, da der Impuls der Tropfen bereits in Richtung des Werkstückes verläuft. Die Erhöhung des Lackvolumenstroms führt zu einer Strahlaufweitung. Der Grund ist ebenfalls der höhere, anfangs parallel zum Werkstück verlaufende Impuls der größeren Tropfen.

Eine Reduzierung des Lackvolumenstroms führt zu einer deutlich feineren Zerstäubung. Es entstehen Lacknebelverluste, die den AWG deutlich verschlechtern. Die mittlere Strahlbreite nimmt ab.

Lenkluftvolumenstrom

Eine Erhöhung führt bei den untersuchten Einstellungen zu einer AWG-Abnahme durch zu hohe Querströmung am Substrat. Aus dem gleichen Grund ergibt eine Reduzierung des Lenkluftvolumenstroms einen höheren AWG. Es ist jedoch zu beachten, daß ein zu niedriger Lenkluftvolumenstrom zu einer deutlichen AWG-Abnahme führen kann, da der Strahl nicht vollständig auf das Substrat umgelenkt wird. Wie bereits im vorangegangenem Kapitel erläutert, beeinflußt der Lenkluftvolumenstrom die mittlere Strahlbreite. Eine Erhöhung führt zu einer Strahlverengung und umgekehrt.

Glockentellerdrehzahl

Die Glockentellerdrehzahl wirkt sich deutlich auf die Strahlbreite aus. Eine Erhöhung führt zu einer Strahlaufweitung und umgekehrt. Die Auswirkung auf den AWG läßt sich nicht eindeutig beschreiben. Bei dem eingestellten Lackvolumenstrom ergibt die höhere Drehzahl einen etwas besseren AWG. Es ist jedoch zu vermuten, daß bei einer weiteren Drehzahlerhöhung der AWG wieder abnimmt.

Hochspannung

Ausgehend von dem Standardwert bringt eine Erhöhung der Hochspannung nur eine verhältnismäßig geringe AWG-Verbesserung. Der AWG nähert sich asymptotisch einem maximal zu erreichenden Wert an. Eine Reduzierung der Hochspannung wirkt sich dagegen in einer deutlichen AWG-Abnahme und Strahleinschnürung aus.

Spritzabstand

Die Standardeinstellung für den Spritzabstand kann als Optimum angesehen werden. Eine weitere Reduzierung bringt kaum noch AWG-Vorteile, dafür jedoch eine geringere mittlere Strahlbreite, was in der Praxis nicht angestrebt wird. Ein größerer Spritzabstand führt erfahrungsgemäß zu einer deutlichen AWG-Abnahme durch Lacknebelverluste.

Luftsinkgeschwindigkeit

Die Luftsinkgeschwindigkeit in der Lackierkabine hat einen deutlichen Einfluß auf den AWG. Ein zu hoher Wert für die Luftsinkgeschwindigkeit, wie er z.B. bei der pneumatischen Applikation eingestellt wird, führt zu hohen Lacknebelverlusten. Umgekehrt bringt eine Reduzierung AWG-Vorteile. Eine Auswirkung auf die Strahlbreite ist nicht zu beobachten.

10.1.3 Berechnungen, Verifikation

Das Ziel der in diesem Kapitel zusammengefaßten Arbeiten war es zu zeigen, daß das neuronale Netz ohne größere Modifikationen zur Berechnung der Spritzbildmerkmale für unterschiedliche Applikationsverfahren geeignet ist. Weiterhin sollte gezeigt werden, daß schon mit einer geringen Anzahl von experimentell gewonnenen Trainingsmustern Berechnungen mit einer ausreichenden Genauigkeit durchgeführt werden können.

Das Netztraining und die Berechnungen wurden mit unterschiedlichen Netzarchitekturen durchgeführt (vgl. Tabelle 10.3). Bei allen Architekturen hat sich gezeigt, daß mit einer verhältnismäßig geringen Anzahl von Trainingszyklen sehr niedrige SFQ-Werte erzielt werden können (Tabelle 10.4). Das Netztraining wurde mit 12 Trainingsmustern durchgeführt. Gemessen an der Anzahl der Prozeßparameter kann die Zahl der Trainingsmuster als sehr gering bezeichnet werden. Als Kontrollmuster stand aus versuchstechnischen Gründen (bei der Untersuchung wurden 6 Parameter in zwei Stufen um eine Standardeinstellung variiert, vgl. Kapitel 10.1.2) nur ein Datensatz, die Standardeinstellung, zur Verfügung.

Die Berechnungen (Recall) mit den Trainingsmustern ergeben sehr geringe Abweichungen von den experimentellen Daten (Tabelle 10.5). Wie auch bei den Berechnungen zur pneumatischen Applikation kann kein eindeutiger Trend erkannt werden, welche Architektur für das vorliegende Problem am besten geeignet ist. Die besten

Ergebnisse werden mit der Architektur C3 erzielt, die nur eine verdeckte Schicht und eine direkte Verbindung zwischen der Input- und Outputschicht aufweist. Die größten Abweichungen von den experimentellen Daten, die, absolut betrachtet, ebenfalls sehr niedrig sind, ergeben sich mit der Architektur D3. Diese Architektur unterscheidet sich von der Architektur C3 dadurch, daß keine Verbindung zwischen der Input- und Outputschicht besteht.

Architektur (Gain-Faktor: 2)	Anzahl verdeckter Schichten	Anzahl Neuronen/Schicht	Verbindung Input-/Outputschicht
A3	3	6-6-5-4-4	ja
B3	3	6-6-5-4-4	nein
C3	1	6-5-4	ja
D3	1	6-5-4	nein

Tabelle 10.3: Eingesetzte Netzarchitekturen

Architektur	Anzahl Trainingsmuster	Trainings-zyklen	SFQ_{min} bei Trainingszyklus	Lernrate α ab Trainingszyklus
A3	12	90 000	$4{,}5.10^{-3}$ /90 000	$\alpha_1 = 0{,}1$ $\alpha_2 = 0{,}05$/15 000
B3	12	15 000	$1{,}2\ 10^{-3}$ /15 000	$\alpha = 0{,}1$
C3	12	15 000	$1{,}4.10^{-5}$ /15 000	$\alpha = 0{,}1$
D3	12	15 000	$9{,}9.10^{-3}$ /15 000	$\alpha = 0{,}1$

Tabelle 10.4: Trainingsparameter und -ergebnisse

Architektur	AWG		Profilfläche		Profilbreite		Profilexp.		Gesamt	
	f [%]	s [%]	f [%]	s [%]	f [%]	s [%]	f [%]	s [%]	f [%]	s [%]
A3	0,0585	0,0708	0,8665	1,2314	0,0504	0,0626	0,2177	1,0414	0,2983	0,6016
B3	0,0279	0,0383	0,4476	0,6162	0,0368	0,0375	0,4395	0,5983	0,2380	0,3226
C3	0,0106	0,0030	0,0663	0,0110	0,0209	0,0119	0,0944	0,1125	0,0481	0,0346
D3	0,1806	0,2219	0,2623	0,3030	0,2638	0,3064	2,5932	3,2004	0,8249	1,0079

Tabelle 10.5: Mittelwerte und Standardabweichungen der prozentualen Fehler der Netzausgabe für die Trainingsmuster bezogen auf die experimentellen Daten

Der Recall mit dem zur Verfügung stehenden Kontrollmuster zeigt, daß die besten Ergebnisse nicht mit derjenigen Architektur erzielt werden, die den geringsten SFQ-Wert und die geringste Abweichung beim Recall mit den Trainingsmustern liefert. Die geringsten Abweichungen für das Kontrollmuster werden mit der Architektur D3 erreicht. Die prozentualen Fehler der Spritzbildmerkmale Profilfläche und Profilbreite sowie des Auftragswirkungsgrades sind sehr niedrig. Der Fehler des Spritzbildmerkmals Profilexponent ist etwas höher, fällt aber nicht ins Gewicht, da der berechnete Exponent bei weiteren Simulationsberechnungen auf gerade, ganzzahlige Werte gerundet wird. Bei höheren Exponenten, die bei den hier vorliegenden Untersuchungen maßgeblich sind, spielt es zudem keine entscheidende Rolle, ob das Schichtdickenprofil z.B. mit dem Exponenten 6 oder 8 berechnet wird. Tabelle 10.6 stellt die Ergebnisse der Berechnungen mit den Architekturen C3 und D3 gegenüber. Interessant ist, daß die hier gefundenen Zusammenhänge auch bei den Berechnungen der Spritzbildmerkmale für die pneumatische Applikation (vgl. Kapitel 5.3.1) festgestellt wurden.

Architektur	AWG	Profilfläche	Profilbreite	Profilexp.	Gesamt
	f [%]	f [%]	f [%]	f [%]	f [%]
C3	3,5	5,6	1,1	12,6	5,7
D3	0,0	3,4	1,3	16,6	5,3

Tabelle 10.6: Prozentuale Fehler der Netzausgabe für das Kontrollmuster bezogen auf die experimentellen Daten

Obwohl bei dieser Untersuchung nur ein Kontrollmuster zur Verfügung stand, ergibt sich zusammen mit den sehr geringen Abweichungen der SFQ-Werte beim Training, mit den geringen Abweichungen bei den Berechnungen mit den Trainingsmustern sowie mit den Erfahrungen, die bei der Berechnung der Spritzbild- und Qualitätsmerkmale bei der pneumatischen Applikation gewonnen wurden, ein insgesamt sehr positives Ergebnis. Das Netz ist, wie erwartet, auch für Berechnungen von Spritzbild- und Qualitätsmerkmalen bei Hochrotationszerstäubern mit elektrostatischer Lackaufladung geeignet.

10.2 Einsatzmöglichkeiten des neuronalen Netzes bei der qualitätsorientierten Prozeßüberwachung

Die Parameter eines Lackierprozesses unterliegen teils dynamischen, teils quasistationären Schwankungen. Obwohl angestrebt wird, die Abweichungen der Prozeßparameter durch den Einsatz aufwendiger Regelungstechnik in engen Grenzen zu halten, kommt es in der Praxis vor, daß auch geringe Prozeßabweichungen durch ihre Überlagerung zum unzureichenden Beschichtungsergebnis führen. Verschärft wird dieses Problem durch das meist kleine Verarbeitungsfenster der heutigen Lacksysteme. Der Anlagenbetreiber hat keine Möglichkeit, online qualitätssteuernd in den Prozeß einzugreifen, da

- die aktuellen Prozeßdaten meist nicht verfügbar oder durch ihre Anzahl unüberschaubar sind,
- die Lackfilmqualität mit einer erheblichen Zeitverzögerung, bedingt durch den Filmbildungsprozeß, zu ermitteln ist,
- die Zusammenhänge zwischen den Prozeßparametern und der resultierenden Qualität zu komplex bzw. nicht bekannt sind.

Die bisher beschriebenen Arbeiten zeigen, daß es möglich ist, ein lernfähiges System unter Verwendung neuronaler Netze zu entwickeln, mit dem die Lackfilmqualität ausgehend von aktuellen Prozeßdaten online überwacht werden kann (ähnliche Systeme wurden bereits für Fertigungsprozesse wie das Kunststoffspritzgießen realisiert /74/). Die aktuellen Prozeßdaten bzw. daraus abgeleitete Kenngrößen stellen den Eingangsvektor des neuronalen Netzes dar. Die Ausgabe des Netzes ist eine (z.B. attributive) Aussage über die zu erwartende Lackfilmqualität. Auf diese Weise kann rechtzeitig in den Prozeß eingegriffen werden. In einem zweiten Schritt der Entwicklung ist es denkbar, die Prozeßüberwachung zu einer qualitätsorientierten On-line-Prozeßregelung zu erweitern /109/. Die für das Training des neuronalen Netzes erforderlichen Muster könnten von der Lackindustrie auf der Basis von Entwicklungen, wie es die Fingerprint-Analyse /110/ ist, geliefert werden. Mit dieser standardisierten Analysemethode, bei der modernste Meßtechnik eingesetzt wird, kann der Einfluß der verschiedensten Prozeßparameter auf die relevanten Qualitätsmerkmale mit hoher Reproduzierbarkeit ermittelt werden.

Voraussetzung für die qualitätsorientierte Prozeßüberwachung und -regelung ist die permanente, meßtechnische, rechnerunterstützte Erfassung aller relevanten Prozeßdaten mit einer ausreichend hohen Taktfrequenz. Solche prozeßintegrierte Diagnosesysteme zur Erfassung von Prozeßdaten sind seit kurzer Zeit in Lackieranlagen in der Automobilindustrie im Einsatz /111/.

11 Zusammenfassung und Ausblick

Die Lackiertechnik entwickelte sich in den letzten Jahren von einem handwerklich geprägten Fertigungsschritt zu einem Prozeß auf einem hohen technischen Niveau, mit dem sich inzwischen viele natur- und ingenieurwissenschaftliche Disziplinen beschäftigen. Die Gründe dafür waren und sind immer noch die steigenden Anforderungen hinsichtlich Produktqualität und Produktivität zusammen mit einer möglichst geringen Umweltbelastung. Dies gab den Anstoß zur Entwicklung und dem Einsatz neuer Lacksysteme und Applikationsverfahren. Manche dieser hocheffizienten Applikationsverfahren können nur in Verbindung mit der Automatisierung eingesetzt werden. Die Automatisierung sorgt zusätzlich für eine konstante Produktqualität und eröffnet die Möglichkeit, den Prozeß unter optimalen Bedingungen zu führen.

Die Automatisierung im Bereich der Spritzlackiertechnik erfolgt mit Hilfe von Robotern oder freiprogrammierbaren linearen Hubautomaten mit mehreren Achsen. Zur effektiven Programmierung dieser Automaten stehen heute sogenannte Off-line-Programmiersysteme zur Verfügung, in welchen die Kinematik, das dynamische Verhalten und die Steuerung des Automaten abgebildet ist. Bisher unzureichend modelliert ist der eigentliche Prozeß, das Spritz- bzw. Sprühlackieren, aufgrund der zahlreichen Prozeßparameter und Einflußgrößen.

Mit der Problematik der Prozeßmodellierung bzw. -simulation befaßt sich die vorliegende Arbeit. Bisher wurden verschiedene Methoden zur Simulation des Lackierprozesses entwickelt und eingesetzt, wie z.B. numerische Methoden oder Regressionsverfahren. Diese Methoden haben verschiedene Vorteile, jedoch den Nachteil, daß die Ermittlung der dafür benötigten experimentellen Daten sehr aufwendig ist und vor allem bei den numerischen Methoden lange Rechenzeiten in Kauf genommen werden müssen.

Ein neuer Ansatz zur empirischen Modellierung des Lackierprozesses ist die Anwendung eines neuronalen Netzes. Ein neuronales Netz hat gegenüber anderen Verfahren den Vorteil, nur mit einer geringen Anzahl von experimentellen Daten auszukommen. Mit diesen Daten wird das Netz trainiert, wobei die physikalisch-mathematischen Zusammenhänge nicht benötigt werden. Dabei können mit dem Netz sowohl quantitative Ergebnisse berechnet als auch qualitative (attributive) Aussagen gemacht werden.

In der vorliegenden Arbeit wurde ein neuronales Netz entwickelt, programmiert und erstmals zur Berechnung charakteristischer Spritzbild- und Qualitätsmerkmale beim Lackieren eingesetzt. Den Schwerpunkt der Arbeit bildet die pneumatische Zerstäubung. Betrachtet wurde aber auch die Hochrotationszerstäubung mit elektrostatischer Lackaufladung. Das bei der Lackapplikation auf dem Substrat entstehende Spritzbild (Schichtdickenprofil) wurde durch drei charakteristische Merkmale (Kenngrößen), die Profilfläche, die Profilbreite und den Profilexponenten beschrieben. In Beschichtungsversuchen mit unterschiedlichen Prozeßparametern wurden diese Merkmale ermittelt und zusammen mit den Parametereinstellungen als Trainingsdaten (Trainingsmuster) für das neuronale Netz verwendet. Nach dem Training des Netzes wurden Berechnungen durchgeführt und diese mit experimentell ermittelten Kontrollmustern verifiziert. Alle Trainingsdurchläufe und Berechnungen erfolgten mit unterschiedlichen Netzarchitekturen.

Die Arbeit gliedert sich in drei Abschnitte. Im ersten Abschnitt wurden für einen pneumatischen Zerstäuber Spritzbildmerkmale für verschiedene Prozeßparameter systematisch ermittelt. Insgesamt wurden 28 Parametereinstellungen untersucht und als Trainingsmuster für das neuronale Netz verwendet. Die Verifikationsberechnungen mit nicht trainierten Kontrollmustern zeigten eine gute Übereinstimmung im Vergleich zu experimentellen Daten. Der mittlere Fehler betrug ca. 10 % und liegt damit im Bereich der Meß- und Reproduziergenauigkeit. Ein Vergleich mit einem optimierten Regressionsverfahren zeigte, daß mit dem neuronalen Netz bessere Ergebnisse erzielt werden können.

Im zweiten Abschnitt wurde das neuronale Netz zur Berechnung des Lackauftragswirkungsgrades und der Qualitätsmerkmale (Helligkeit, Farbton und Flop) angepaßt. Die hierzu notwendigen Trainingsdaten wurden mit Hilfe der statistischen Versuchsplanung ermittelt. Besonderer Wert wurde auf eine möglichst geringe Anzahl von Trainingsdaten (es wurden nur 14 Trainingsmuster verwendet) gelegt. Die Verifikation der Berechnungen mit nicht trainierten Kontrollmustern hat eine sehr gute Übereinstimmung mit dem Experiment ergeben. Die mittlere Abweichung der relevanten Merkmale von experimentellen Daten betrug ca. 2 %.

Der dritte Abschnitt der Arbeit sollte zeigen, daß das Netz ohne größere Modifikationen auch für andere Applikationsverfahren geeignet ist. Untersucht wurde die Hochrotationszerstäubung mit elektrostatischer Lackaufladung. Dieses Applikationsverfahren zeichnet sich im Vergleich zur pneumatischen Zerstäubung durch andere Zerstäubungs- und Abscheidemechanismen aus. Auch hier wurde das Netz mit einem Minimum von 12 Mustern trainiert. Berechnet wurde der Lackauftragswirkungsgrad und die Spritzbildmerkmale. Die Verifikation zeigt ebenfalls eine sehr gute Übereinstimmung mit dem Experiment.

Das neuronale Netz wurde in eine Software eingebunden, mit welcher eine Flächenlackierung mit einem Hubgerät simuliert werden kann. Mit Hilfe dieser Software können optimale Zerstäuber- und Bahnparameter im Bezug auf gleichmäßige Schichtdickenverteilung, Lackauftragswirkungsgrad und Lackfilmqualität ermittelt werden. Eine experimentelle Überprüfung ergab auch hier eine gute Übereinstimmung.

Die im Rahmen der vorliegenden Dissertation durchgeführten Arbeiten dienen nicht nur als Grundlage zur Modellierung des Lackierprozesses, sondern lassen sich auch zur On-line-Prozeßüberwachung und in Zukunft zur Prozeßregelung einsetzen. Entsprechende Forschungsvorhaben wurden bereits formuliert, genehmigt und befinden sich gegenwärtig in Bearbeitung.

Ein neuronales Netz kann jedoch nur für Problemstellungen eingesetzt werden für die es explizit trainiert wurde. Da die physikalisch-mathematischen Zusammenhänge der Problemstellung nicht bekannt sind, kann das neuronale Netz keine Detaillösungen liefern, wie analytisch-numerische Verfahren.

12 Literaturverzeichnis

/1/ May, T.: Gesetzliche Anforderungen im Umweltschutz beim industriellen Lackieren und Ansätze zu einer ganzheitlichen Betrachtung. Industrie-Lackierbetrieb, 2/95.

/2/ Spur, G., Stöferle, Th.: Handbuch der Fertigungstechnik, Band 4/1: Abtragen, Beschichten. Carl Hanser Verlag, München, Wien 1987.

/3/ Norm DIN 8580: Fertigungsverfahren. Begriffe, Einteilung. Entwurf, Juli 1985.

/4/ Warnecke, H.-J.: Einführung in die Fertigungstechnik. B.G. Teubner, Stuttgart 1993.

/5/ Ondratschek, D.: Lackiertechnik im Umfeld von Wirtschaft und Umweltgesetzgebung. In: Ondratschek, D.: Taschenbuch für Lackierbetriebe 1996. Vincentz Verlag Hannover.

/6/ Kraus, R.: Ökologische Betrachtungen zur Minimierung der Umweltbelastung durch Pkw-Lackierung. Industrie-Lackierbetrieb, 10/91.

/7/ N.N.: Weniger Lack, höhere Qualität. JOT 1995/9.

/8/ Grohman, U.: Robotereinsatz in der Automobilindustrie. Industrie-Lackierbetrieb, 6/95.

/9/ Svejda, P.: Automaten und periphere Anlagenkomponenten zum Spritzlackieren. In: Ondratschek, D.: Taschenbuch für Lackierbetriebe 1996. Vincentz Verlag Hannover.

/10/ N.N.: Eisenach setzt neue Maßstäbe. JOT 1992/9.

/11/ N.N.: Erfolg durch partnerschaftliche Zusammenarbeit. Industrie-Lackierbetrieb, 5/94.

/12/ N.N.: Wolfsburg Halle 15: Nichts wird zweimal lackiert! Industrie-Lackierbetrieb, 4/93.

/13/ N.N.: Audi fährt mit Wasserlack. JOT 1995/9.

/14/ Krüger, B.: Neue Lackiererei AUDI, Neckarsulm. Industrie-Lackierbetrieb, 9/95.

/15/ Obst, M.: Vorbehandlung von metallischen Beschichtungsuntergründen. In: Ondratschek, D.: Taschenbuch für Lackierbetriebe 1996. Vincentz Verlag Hannover.

/16/ Baumgärtner, O.: Tauchen. In: Ondratschek, D.: Taschenbuch für Lackierbetriebe 1996. Vincentz Verlag Hannover.

/17/ Walzel, P.: Zerstäuben von Flüssigkeiten. Chem.-Ing.-Tech. 62 (1990), Nr. 12, S. 983 - 994.

/18/ Bauckhage, K.: Das Zerstäuben als Grundverfahren. Chem.-Ing.-Tech. 62 (1990), Nr. 8, S. 613 - 625.

/19/ Richter, T., Wilhelm, S.: Kalkulierter Sprüh, Methoden des Zerstäubens von Flüssigkeiten in der Verfahrenstechnik. Maschinenmarkt, Würzburg 97 (1991) 11.

/20/ Schmidt, P., Walzel, P.: Zerstäuben von Flüssigkeiten. Physik in unserer Zeit. 15. Jahrg. 1984, Nr. 4.

/21/ Bauckhage, K.: Das Zerstäuben metallischer Schmelzen. Chem.-Ing.-Tech. 64 (1992) Nr. 4. S. 322 - 332.

/22/ Norm DIN 66 141: Darstellung von Korn-(Teilchen-)größenverteilungen. Grundlagen. Februar 1974.

/23/ Norm DIN 66 144: Darstellung von Korn-(Teilchen-)größenverteilungen. Logarithmisches Normalverteilungsnetz. März 1974.

/24/ Thomer, K. W.: Maßnahmen zum Verbessern der pneumatischen Lackzerstäubung -Teilchengrößenbestimmung im Spritzstrahl. Dissertation, Universität Stuttgart. Springer-Verlag, Berlin/Heidelberg/New-York, 1982.

/25/ Domnick, J., Lindenthal, A., Rüger, M., Sommerfeld, M., Svejda, P.: Entwicklung und Anwendung der PDA-Meßtechnik für die Bestimmung des Oversprays in der Lackbeschichtung. Abschlußbericht zum AIF - Forschungsvorhaben 9076. November 1995.

/26/ Kleber, W.: Zum Mechanismus der elektrostatischen Lackzerstäubung. Industrie-Lackierbetrieb, 3/87.

/27/ N.N.: Simulation der Lacktröpfchenbahnen beim elektrostatischen Spritzlackieren. Tätigkeitsbericht des Fraunhofer-Instituts für Produktionstechnik und Automatisierung, Stuttgart, 1993.

/28/ Domnick, J., Sommerfeld, M.: Computergestützt lackieren. Metalloberfläche 49(1995)1.

/29/ Pitzer, J.: Zerstäubungsmechanismen und Lackierprozeß. DFO-Tagung Automations- und Applikationstechnik in der Lackierung. Münster, 15./16. Oktober 1991.

/30/ Lefebvre, A.: Atomization and Sprays. Hemisphere Publishing Corporation, New York, 1989.

/31/ Goldschmidt, A., u.a.: Glasurit-Handbuch, Lacke und Farben. Curt R. Vincentz Verlag, Hannover 1984.

/32/ Grau, R.: Metallic-Lackierung: Kosten und Overspray reduziert. JOT 1995/4.

/33/ Grau, R.: Möglichkeiten der Applikation von Metallics mit Hilfe der ESTA. DFO-Tagung Kostensenkung, Kostenerfassung und Automatisierung in der Lackierung. Düsseldorf, 8./9. Juni 1994.

/34/ Domnick, J., Sommerfeld, M.: Entwicklung einer Oversprayarmen Spritzlackiertechnik - Schwerpunkt: Computergestützte Simulation von Zerstäubungsvorgängen. DFO-Tagung Kostensenkung, Kostenerfassung und Automatisierung in der Lackierung. Düsseldorf, 8./9. Juni 1994.

/35/ Strohbeck, U., Kleber, W.: Elektrostatisches Sprühen von Flüssiglack. In: Ondratschek, D.: Taschenbuch für Lackierbetriebe 1996. Vincentz Verlag Hannover.

/36/ Luderer, F., Schulte, G., Scholz, T.: Applikation von Metallic-Lacken mit Hochrotationszerstäubern. JOT 1994/4.

/37/ Leisin, O.: Spritzstrahloptimierung in einer Roboter-Lackierzone für Detailflächen. DFO-Tagung Automations- und Applikationstechnik in der Lackierung. Münster, 15./16. Oktober 1991.

/38/ Grohmann, U.: Möglichkeiten der Automatisierung der Lackierung in kleinen und mittelständischen Betrieben. Prozeß- und kostenoptimierter Einsatz von Beschichtungsrobotern. DFO-Tagung Kostensenkung, Kostenerfassung und Automatisierung in der Lackierung. Düsseldorf, 8./9. Juni 1994.

/39/ Grohmann, U.: Prozeß- und Kostenoptimierung mit Lackierroboter. JOT 1994/7.

/40/ Ortlieb, K. A.: Automatisiertes Lackieren mit steuerbaren Spritzpistolen. Dissertation, Universität Stuttgart. Springer-Verlag, Berlin/Heidelberg/New-York, 1989.

/41/ Svejda, P.: Automatisierungskonzepte für die mittelständische Industrie - Alternativen zum Lackierroboter? - DFO-Tagung Kostensenkung, Kostenerfassung und Automatisierung in der Lackierung. Düsseldorf, 8./9. Juni 1994.

/42/ Svejda, P.: Automatisches Spritzlackieren von Blechkonstruktionen. Bänder Bleche Rohre 6-1992.

/43/ Schömig, D.: Schichtdickensimulation in der Lackiertechnik. Metalloberfläche 45(1991)4.

/44/ Behrens, F.-W.: Offline-Programmierung von Beschichtungsrobotern. DFO-Tagung Automations- und Applikationstechnik in der Lackierung. Hannover, 14./15. Oktober 1992.

/45/ N.N.: Robcad/Paint. Firmenschrift der Tecnomatix Automatisierungssysteme GmbH, Dietzenbach.

/46/ N.N.: Mercedes Benz Uses Robcad to Create Painting Programs. Firmenschrift der Tecnomatix Automatisierungssysteme GmbH, Dietzenbach.

/47/ Svejda, P.: Untersuchungen zur Bestimmung des Auftragswirkungsgrades beim Versprühen von Flüssiglacken und Pulvermaterialien. DFO-Tagung Kostensenkung, Kostenerfassung und Automatisierung in der Lackierung. Düsseldorf, 8./9. Juni 1994.

/48/ Domnick, J.: Messung der Tropfengrößen und -kinetik im Spritzstrahl von Lackzerstäubern. DFO-Tagung Automations- und Applikationstechnik in der Lackierung. Münster, 15./16. Oktober 1991.

/49/ Svejda, P., Warnecke, H.-J., Mertz, K.: Computersimulation des Spritzlackierens. Metalloberfläche 44(1990)1.

/50/ N.N.: Simulation des Beschichtungsprozesses beim Spritzlackieren, Anwendung zur Off-line-Programmierung. Projekt-Nr. Me 839/6-1 der DFG, 1989.

/51/ Xiao, H.: Schichtdickenverteilung beim Spritzlackieren von profilierten Blechteilen. Dissertation, Universität Kaiserslautern, 1994.

/52/ Stahlmann, H.-D., Liu, X.: Rechnerunterstütztes Planungssystem für NC-gesteuerte Beschichtungsanlagen. Industrie-Anzeiger 99/1988.

/53/ Duelen, G., Stahlmann, H.-D., Liu, X.: An Off-Line Planning- and Simulation System for the Programing of Coating Robots. Annals of the CIRP Vol. 38/1/1989.

/54/ Liu, X.: Beitrag zur Simulation des pneumatischen und elektrostatischen Lackierprozesses. Dissertation, Technische Universität Berlin. Carl Hanser Verlag München Wien 1992.

/55/ Imam, M.: Geometrische Methoden zur aufgabenorientierten Lackierplanung. Dissertation, Technische Universität Berlin. Carl Hanser Verlag München Wien 1993.

/56/ Svejda, P.: Möglichkeiten zur Oversprayreduzierung beim Spritzlackieren. DFO-Tagung Umweltschutz in der Lackiertechnik. Düsseldorf, 24./25. November 1992.

/57/ Svejda, P.: Bestimmung des Auftragswirkungsgrades beim Versprühen von Flüssiglacken und Pulvermaterialien. In: Ondratschek, D.: Taschenbuch für Lackierbetriebe 1994. Vincentz Verlag Hannover.

/58/ N.N.: Rule 1151. Motor Vehicle and Mobile Equipment Non-Assembly Line Coating Operations. July 1988.

/59/ ASTM Designation D 5066 - 91: Standard Test Method for Determination of the Transfer Efficiency Under Production Conditions for Spray Application of Automotive Paints - Weight Basis.

/60/ ASTM Designation D 5009 - 89: Standard Test Method for Evaluating and Comparing Transfer Efficiency under Laboratory Conditions.

/61/ Oberländer, T.: Berechnung der Profilparameter dynamischer Schichtdickenprofile mit Hilfe von verschiedenen Regressionsverfahren. Diplomarbeit, Universität Stuttgart, Institut für Arbeitswirtschaft und Organisation (IAT), 1995.

/62/ Svejda, P.: Einsatz neuronaler Netze in der Lackiertechnik. In: Ondratschek, D.: Taschenbuch für Lackierbetriebe 1996. Vincentz Verlag Hannover.

/63/ Bärmann, F., Greye, G.-R., Lieberam, A.: Einsatz Neuronaler Netze zur Prognose von thermophysikalischen Stoffkonstanten reiner Stoffe aus Strukturinformationen. Chem.-Ing.-Tech. 65(1993) Nr.3.

/64/ Schöneburg, E., Hansen, N., Gawelczyk, A.: Neuronale Netzwerke: Einführung, Überblick und Anwendungsmöglichkeiten. Markt und Technik Verlag, Haar, 1990.

/65/ Anderson, J. A., Rosenfeld, E. (Hrsg.): Neurocomputing: Foundations of Research. MIT Press Cambridge, 1988.

/66/ Silbernagl, S., Despopoulos, A.: Taschenatlas der Physiologie. Thieme Stuttgart, New York, 1983.

/67/ Schmidt, R. F., Thews, G. (Hrsg.): Physiologie des Menschen. Springer-Verlag, Berlin Heidelberg New York, 1986.

/68/ Barschdorff, D., Monostori, L.: Neural networks - Their applications and perspectives in intelligent machining. Computers in Industry 17(1991), Elsevier Science Publishers.

/69/ Schöneburg, E. (Hrsg.): Industrielle Anwendung Neuronaler Netze. Fallbeispiele und Anwendungskonzepte. Addison-Wesley, 1993.

/70/ Brause, R.: Neuronale Netze. Eine Einführung in die Neuroinformatik. B. G. Teubner Stuttgart, 1991.

/71/ Pfleiderer, I. C.: Geräuschklassifikation unter Verwendung von Neuronalen Netzen und Transputern. Diplomarbeit, Universität Stuttgart, Institut A für Mechanik, 1991.

/72/ Löffler, T.: Ein neuer Ansatz: „Einparken nach Gehör", akustische Montageüberwachung steigert Qualität und Verfügbarkeit. Produktion 21(1994).

/73/ Geiger, H., Müller, T.: Optische Qualitätssicherung mit neuronalen Netzen. Design & Elektronik 16/17, 8(1992).

/74/ Häußler, J.: Eine Qualitätssicherungsstrategie für die Kunststoffverarbeitung auf der Basis künstlicher Neuronaler Netzwerke. Dissertation, Universität-GH Paderborn und Universität -GH Essen. VDI-Verlag Düsseldorf 1995.

/75/ Fu, J., Sinha, N. K.: An Iterative Learning Scheme for Motion Control of Robots Using Neural Networks: A Case Study. Journal of Intelligent and Robotic Systems, 8(1993).

/76/ Zell, A.: Simulation Neuronaler Netze. Addison-Wesley, 1994.

/77/ Hecht-Nielsen, R.: Neurocomputing. Addison-Wesley, 1990.

/78/ Rojas, R.: Theorie der neuronalen Netze: eine systematische Einführung. Springer-Verlag, Berlin Heidelberg, 1993.

/79/ Haffer, C. M.: Worauf es beim Entwerfen neuronaler Netze ankommt. Elektronik 6/1992.

/80/ Knaupp, S.: Neuronale Netze. Studienarbeit, Universität Stuttgart, Institut für biomedizinische Technik, 1994.

/81/ Jahn, W.: Qualitätsverbesserung durch Prozeßanalysen - Multivariante statistische Methoden in der Praxis. Kontrolle 2/1995.

/82/ Preuß, T., Wöhle, L.: Qualitätsmanagement und Prozeßbeherrschung. Farbe und Lack 2/1993.

/83/ Scheffler, E.: Einführung in die Praxis der statistischen Versuchsplanung. VEB Deutscher Verlag für Grundstoffindustrie, Leipzig, 1986.

/84/ Nedeß, C.,Holst, G.: Hilfen für die statistische Versuchsplanung? - Taguchis Orthogonale Felder und lineare Graphen, Teil 1. Qualität und Zuverlässigkeit 2/1992.

/85/ Kleppmann, W. G.: Statistische Versuchsplanung - Klassische, Taguchi, oder Shainin? Qualität und Zuverlässigkeit 2/1992.

/86/ Ziebart, U.: Versuchsmethodik nach Shainin. VDI-Fachtagung Industrielle Versuchsmethodik, Leonberg, 20. Juni 1990.

/87/ Goldberg, D.: Genetic Algorithm. Addison Wesley, Publishing Company Inc., Reading/USA, 1989.

/88/ Svejda, P., Scheibe, A., Plischki, S.: Unveröffentlichter Abschlußbericht zum Projekt Erstellung und Auswertung von Spritzbildern - Anwendung zur Beurteilung von pneumatischen Zerstäubern. Fraunhofer-Institut für Produktionstechnik und Automatisierung, 1993.

/89/ Svejda, P., Lindenthal, A.: Spritzbildbewertung: Darstellung der Folgen durch Einsatz schlechter Zerstäuber. DFO-Tagung Wege zur kostengünstigen Lackierung durch neue Entwicklungen in der Automations- und Applikationstechnik. Stuttgart, 18./19. Juni 1996.

/90/ Erhardt, T.: Anwendung der digitalen Bildverarbeitung als berührungsloses Schichtdickenmeßverfahren. Diplomarbeit, Fachhochschule Stuttgart, Hochschule für Druck, Fachbereich Farbe Lack Kunststoff, 1994.

/91/ Grumpe, M.: Untersuchungen zur Optimierung von Naßlackierprozessen, Einsatz lernfähiger Systeme. Diplomarbeit, Fachhochschule Stuttgart, Hochschule für Druck, Fachbereich Farbe Lack Kunststoff, 1996.

/92/ Oberländer, T.: Untersuchung des Zusammenhangs zwischen statischen und dynamischen Spritzbildern. Studienarbeit, Universität Stuttgart, Institut für Arbeitswirtschaft und Organisation (IAT), 1995.

/93/ Svejda, P.: Automatische Spritzeinrichtungen im Versuchsfeld am Beispiel des neuen Lackiertechnikums am IPA. In: Ondratschek, D.: Taschenbuch für Lackierbetriebe 1995. Vincentz Verlag Hannover.

/94/ N.N.: Sensyflow VT Mass flow meter for gases. Firmenschrift der Sensycon Gesellschaft für Industrielle Sensorsysteme und Prozeßleittechnik mbH, Hanau, 1990.

/95/ Kautsch, R.: Elektronisches Messen nichtelektrischer Größen (XXIV), elektronische Durfchflußmessung (Teil 1). de/der Elektromeister und Deutsches elektrohandwerk, 7/92

/96/ Staib, W., Neumaier, P.: Bestimmung der Dicke von Lackschichten auf metallischen Substraten. Coating 6/89.

/97/ Igetoft, L.: Messen der Trockenfilmdicke organischer Beschichtungen. Farbe und Lack 7/1992.

/98/ Deutsch, V., Platte, M., Ettel, P.: Schichtdickenmessung: Erhöhte Genauigkeit durch programmierbare Sensoren. Metalloberfläche 47(1993)3.

/99/ Norm DIN 50 981: Magnetische Verfahren zur Messung der Dicken von nichtferromagnetischen Schichten auf ferromagnetischem Werkstoff, Mai 1979.

/100/ Scheibe, A., Svejda, P.: Flexibles Prüfsystem für die Oberflächentechnik. In: Ondratschek, D.: Taschenbuch für Lackierbetriebe 1995. Vincentz Verlag Hannover.

/101/ Svejda, P., Paustian, S., Asmalsky, J.: Entwicklung einer einheitlichen Methode zur Bestimmung des Auftragswirkungsgrades beim Versprühen von Flüssiglacken und Pulvermaterialien. Abschlußbericht zum AIF - Forschungsvorhaben 9800. April 1996.

/102/ N.N.: Bedienungshandbuch für den Simultan-Spektrometer der Fa. Zeiss/Datacolor, 1992.

/103/ Anderson, J. A., Pellionisz, A., Rosenfeld, E. (Hrsg.): Neurocomputing 2: Directions for Research. MIT Press Cambridge 1990.

/104/ Knaupp, S.: Einsatz neuronaler Netze in der Lackiertechnik, Berechnung von Schichtdickenprofilen. Diplomarbeit, Universität Stuttgart, Institut für Industrielle Fertigung und Fabrikbetrieb (IFF), 1995.

/105/ Beitz, W., Küttner, K.-H. (Hrsg.): Dubbel, Taschenbuch für den Maschinenbau, 15. Auflage, Springer-Verlag Berlin Heidelberg New York Tokyo, 1983.

/106/ Grau, R.: Neue Ideen für die Decklackierung. JOT 1996/9.

/107/ Klaiber, M.: Untersuchungen zur Parameterabhängigkeit des Schichtdickenprofils, des Auftragswirkungsgrades und der Lackfilmqualität bei Hochrotationszerstäubern mit elektrostatischer Lackaufladung. Diplomarbeit, Fachhochschule Stuttgart, Hochschule für Druck, Fachbereich Farbe Lack Kunststoff, 1996.

/108/ Eichhorn, J.: Untersuchungen zur Parameterabhängigkeit des Schichtdickenprofils und des Auftragswirkungsgrades bei Hochrotationszerstäubern mit elektrostatischer Lackaufladung, Berücksichtigung der Kabinenluftströmung und des Umgriffs. Diplomarbeit, Fachhochschule Stuttgart, Hochschule für Druck, Fachbereich Farbe Lack Kunststoff, 1996.

/109/ Svejda, P.: Anwendung neuronaler Netze zur qualitätsorientierten Überwachung von Lackierprozessen. In: Ondratschek, D.: Taschenbuch für Lackierbetriebe 1997. Vincentz Verlag Hannover.

/110/ N.N.: Harmonie bei Metalliclacken. Industrie-Lackierbetrieb, 8/96.

/111/ N.N.: Das neue LPD: Primas, Prozeßintegriertes modulares Analysesystem. Unterlagen der Mercedes-Benz AG und der Prodatas GmbH.

/112/ Gränicher, W. H. H.: Messung beendet - was nun? vdf Hochschulverlag AG an der ETH Zürich und B.G. Teubner, Stuttgart, 1994.

Lebenslauf

Persönliches:	Pavel Svejda, geboren am 15.11.1956 in Hradec Kralové (Königgrätz), Tschechische Republik, verheiratet mit Manuela Svejda, geb. Grumpe Eltern: Pavel Svejda und Vratislava Svejda, geb. Vejvodová	
Schulbildung:	1963 - 1970:	Grund- und Hauptschule Mladá Boleslav (Jungbunzlau), Tschechische Republik
	1970 - 1971:	Grund- und Hauptschule Murr
	1971 - 1977:	Gymnasium Stuttgart Abschluß mit Abitur
Studium:	1978 - 1982:	Luft- und Raumfahrttechnik, Universität Stuttgart
	1982 - 1986:	Maschinenwesen, Universität Stuttgart Abschluß mit Diplom
Berufstätigkeit:	1977 - 1982:	Praktische Tätigkeit und Mitarbeit bei verschiedenen Unternehmen des Maschinen- und Fahrzeugbaus sowie der Elektronikbranche
	1982 - 1986:	Wissenschaftliche Hilfskraft am Institut für industrielle Fertigung und Fabrikbetrieb, Universität Stuttgart und am Fraunhofer Institut für Produktionstechnik und Automatisierung (IPA), Stuttgart
	1986 - 1991:	Wissenschaftlicher Mitarbeiter am Institut für industrielle Fertigung und Fabrikbetrieb der Universität Stuttgart
	1991 - 1996:	Wissenschaftlicher Mitarbeiter und Gruppenleiter am Fraunhofer Institut für Produktionstechnik und Automatisierung (IPA), Stuttgart
	seit 1996:	Mitarbeiter der Dürr Systems GmbH, Produktbereich Lackiertechnik - Applikation, Bietigheim-Bissingen

GPSR Compliance

The European Union's (EU) General Product Safety Regulation (GPSR) is a set of rules that requires consumer products to be safe and our obligations to ensure this.

If you have any concerns about our products, you can contact us on ProductSafety@springernature.com

In case Publisher is established outside the EU, the EU authorized representative is:

Springer Nature Customer Service Center GmbH
Europaplatz 3
69115 Heidelberg, Germany

Batch number: 10682421

Printed by Printforce, the Netherlands